아들의 평생 성적은
열 살 전에 **결정된다**

일본 사회에 열풍을 일으킨 반항기 아들교육법

아들의 평생 성적은 열살 전에 결정된다

마츠나가 노부후미 지음 | 김효진 옮김

중앙 books
JoongAng Ilbo

아들의 반항기부터
이해하라

아이의 성장과정을 돌아보자. 아이가 막 태어났을 무렵 엄마와
아이는 한 몸이나 다름없다. 아이는 엄마를 세상에서 유일한 존
재처럼 제일 잘 따른다. 엄마가 보이지 않으면 이내 울음을 터뜨
리고 엄마를 찾으려고 우왕좌왕 헤매던 기억을 떠올리는 사람
도 있을 것이다.

그런 엄마와 아이 사이에 첫 변화가 나타나는 것은 세 살 전
후이다. '1차 반항기'라 불리는 이 시기에 아이는 엄마가 하는
말에 뭐든지 "싫어"라며 떼를 쓴다. "싫어"라는 말 속에는 '이제
나는 아기가 아냐. 나도 혼자 할 수 있는데 왜 자꾸 갓난아기 취
급을 하는 거야?'라는 속내가 담겨 있다. 이때 아이는 처음으로

자아를 인식하고 엄마와 내가 다른 인간이라는 사실을 깨닫게 된다.

하지만 이 시기 아이는 여전히 작고 여린 싹이다. 진정한 의미의 반항기, 즉 내 생각을 적극적인 행동으로 표현하는 것은 초등학교에 들어서면서부터 드러난다(빠른 아이는 입학 전부터 반항기에 들어서기도 한다). 친구들이나 선생님과 관계를 맺고 타인과의 비교를 통해 스스로에 대한 존재감을 키우며 자립이 시작되는 시기, 이때가 바로 반항기이다. 이 시기의 반항은 '나를 더 이상 아이 취급하지 마, 당당한 어른으로 인정받고 싶어'라는 마음의 외침이다.

이때 아이는 부모가 부모이기 이전에 한 사람의 인간이라는 사실을 깨닫고 자신의 부모가 과연 어떤 인간인지 면밀히 파악하기 위한 '반발'을 시도한다. 좀 더 구체적으로 말하자면 이제껏 절대적인 권력자였던 부모가 얼마만큼의 능력을 지닌 인물인지를 반발이라는 형태로 시험하는 것이다. 다만 반항의 정도에 개인차가 있어서 부모의 가슴을 아프게 할 만큼 반항기가 심한 경우가 있는가 하면 시간이 지나 '아마 그때가 반항기였던 것 같아'라고 할 만큼 쉽게 지나가는 경우도 있다. 간혹 반항기가 없었다는 이야기도 듣는다. 그 차이는 어디에 있을까?

아이에게도 '퍼스널 스페이스'가 있다

물론 아이의 천성일 수도 있지만 대개는 '부모의 태도'에서 그 차이가 기인한다. 혹시 당신은 '내가 낳은 아이니까 무슨 말을 하든 괜찮아', '아직 어리니 엄마가 나설 수밖에 없어'라고 생각하고 있지 않은가? 그런 생각 때문에 무의식중에 아이에게 해선 안 될 말을 하고, 지켜야 할 선을 넘고 마는 것이다. 아이가 그어 놓은 선을 엄마가 마음대로 넘다보면 충돌이 일어난다. 이것이 아들과 엄마 사이에서 생기는 다툼의 실체다.

　예를 들어 보자. 사람은 저마다 '퍼스널 스페이스'라고 불리는 개인 공간이 있다. 퍼스널 스페이스란 타인과 관계를 맺을 때 본인이 느끼는 쾌적한 거리를 말한다. 그 거리는 대상에 따라 바뀌는데 가족이나 연인과 같이 친밀한 관계라면 45센티미터, 친구의 경우는 45~120센티미터라는 구체적인 숫자까지 제시되고 있다. 예를 들어 만원 전철이 불쾌한 것은 모르는 사람과의 거리가 너무 가까운 탓이다. 내가 고수해 온 나만의 공간이 침범당했기 때문이다.

퍼스널 스페이스는 공간적 개념이지만 사람의 마음속에도 타인에게 침해받고 싶지 않은 영역이 있다. 처음 만나는 사람이 개인사를 꼬치꼬치 캐물으면 불쾌함을 느끼는 것도 그런 이유에서다. 이는 가족 간에도 마찬가지이다. 아무리 친밀한 사이일지라도 사람에게는 누구도 들여놓고 싶지 않은 자신만의 영역이 있게 마련이다. '일에 관해서는 참견하지 말았으면 좋겠다'라든지 '휴대전화를 훔쳐보는 건 질색이다'라는 이야기를 한다면(딱히 숨기는 게 없더라도 말이다) 그것은 일이나 휴대전화가 마음속의 퍼스널 스페이스를 상징한다는 뜻이다.

남자아이는 대개 초등학교 저학년 때 퍼스널 스페이스에 대한 개념이 생긴다. 이때 아이는 부모가 멋대로 자신의 영역에 들어오지 못하도록 주위에 벽을 쌓는다. 의식적으로 그렇게 하는 아이도 있고 무의식적으로 그러는 아이도 있다.

또 아이는 그 벽 안에서 자신만의 생활을 만들어간다. 학령기 전까지 엄마는 아이의 친구관계는 물론 좋아하는 놀이나 취미 등 하나부터 열까지 모르는 것이 없지만 이 시기부터는 전과 다른 아이의 모습에 놀랄 일이 종종 생긴다. 나쁜 길로 들어서지 않을지 걱정이 드는 시기도 이때다.

반항하는 아이를 대하는 엄마의 태도

이유야 어찌됐든 이런 행위는 자립을 향한 첫걸음이다.

"혼자 할 수 있으니까 제발 가만히 내버려 둬."

이렇게 쏘아붙이는 아이를 보면 억장이 무너지겠지만 아이는 지금 홀로 서기 위해 발버둥치고 있는 것이다. 다만 성인과 달리 자신의 마음을 제대로 표현하는 법이 서툴러 '반항'으로 드러날 뿐이다.

부모라면 누구나 아이가 사회인으로 자립하기를 바란다. 그렇다면 벽을 쌓는 아이의 행동, 즉 반항은 마땅히 환영해야 할 변화 중 하나이다. 환영까지는 못하더라도 이를 거부하거나 고쳐야 할 행동으로 받아들여선 안 된다.

생각해보자. 아기가 혼자 걸으면 부모는 무척 기뻐한다. '걷기 시작하다니 이를 어떡하지?' 하며 슬퍼하는 부모는 없다. 반항기도 성장의 과정이라는 의미로 보면 마찬가지이다. 이제 드디어 자립하여 홀로 설 준비를 시작하는 아이를 두고 '큰일났네, 어떻게 바로잡지?' 하는 것은 이치에 맞지 않다.

그런데도 엄마들은 대개 반항기가 온 것을 안타까워한다. 아이가 애써 홀로서기를 하려고 벽을 쌓고 있는데 당치도 않다는 듯 서슴없이 벽을 무너뜨리고 멋대로 아이의 영역을 침범한다.

그러고는 이래라저래라 온갖 참견을 하다 끝내 침입을 거부하는 아들과 다툼을 벌인다. 이것이 반항기에 갈등이 발생하는 전형적인 과정이다.

아이가 심하게 반항적인 태도를 보이는 원인은 대부분 엄마의 언행에 있다. 엄마가 아이를 대하는 태도를 바꾸지 않는 한 아이의 반항은 더욱 거세질 뿐이다. 냉정하게 들릴지 모르지만 그 점을 먼저 깨달아야 한다.

"부모로서 자기 아이를 바르게 훈육하는 건 당연하지 않나요? 그게 잘못된 건가요?"

이렇게 반문하는 사람도 있을 것이다. 그들에게 묻고 싶다. 과연 언제까지 아이의 뒷바라지를 할 생각인가? 결혼할 때까지? 영원히? 당연히 그럴 수는 없다.

당신의 아들은(딸도 마찬가지이겠지만) 북방여우가 어미 품을 떠나듯, 때가 되면 부모 곁을 떠나 넓은 세상을 향해 나아갈 것이다. 언젠가 결혼해서 가정을 꾸리면 제 아내의 영역 속으로 들어가 더욱 먼 존재가 될 것이다. 그런 날이 오리라는 생각은 머릿속 어딘가에 있지만 사랑스러운 아이를 떼어놓고 싶지 않은 부모의 마음이 판단력을 흐려놓는다.

물론 부모는 아이를 제대로 키울 의무가 있다. 두말할 여지 없이 바른 훈육도 부모의 의무 안에 든다. 그러나 진정한 육아, 바꿔 말해 육아의 완성은 아이가 부모 곁을 떠나 세상에 홀로 당당히 살아갈 수 있는 힘을 길러주는 것이다.

나는 그동안 많은 남자아이들을 가르치면서 남자아이 특유의 가능성을 수없이 목격했다. 이른바 '고추의 힘'으로 말할 수 있는 그 가능성은 부모의 태도에 따라 멋지게 발현되기도 하고, 또 싹도 틔워보지 못한 채 사장되기도 한다. 아이 안에 내재된 '고추의 힘'을 제대로 키워내려면 이제부터라도 '간섭이 아들의 자립을 방해하는 어리석은 행위'라는 사실을 자각해야 한다. 출발은 거기서부터이다.

나는 이 책을 통해 아이들의 문제 행동이 아닌 일반적인 남자아이들을 다루는 방법을 소개했다. 그간의 내 경험을 토대로 여자인 엄마가 아들인 남자와 사이좋게 지내려면 어떻게 해야 하는지, 반항기에 접어든 아들을 어떻게 다뤄야 하는지, 공부하지 않는 것으로 반항심을 표출하는 아이를 어떻게 책상에 앉힐 수 있는지 최대한 자세히 설명하려고 노력했다.

모쪼록 이 책이 오늘도 아들과 전쟁을 치르느라 골머리를 앓고 있는 부모들에게 조금이라도 도움이 되기를 기대해본다.

차 . 례 .

제 2 장

열 살 전 아들을
소리치지 않고 가르치는 방법

제 3 장

아들 키우는 엄마들이
반드시 알아야 할 공부의 원칙

제 4 장

아들을 큰사람으로
키우는 방법

제 5 장

아이의 행복을 바라는 당신에게
부모가 반드시 알아야 할 행복교육철학

아이가 "나도 생각이 있으니까 내버려 둬" 하며 말대꾸를 하는가?
혹은 아예 들은 척도 않고 방으로 들어가버리는가?
감정에 휘둘리기에 앞서 아이의 성장 단계에 대해 공부하자.
전과 다르게 엄마 말을 듣지 않는다고,
잘못 자라면 어떡하느냐고 걱정하지도 말자.
오히려 내 아이가 건강한 남자로 자라고 있다고 생각하고,
이 기간이 더 큰 성장의 계기가 될 수 있는 방법을 강구하자.

제1장

남자아이가
입을 다무는 이유는
따로 있다

아들이
입을 다무는 이유는
무엇일까?

어릴 때는 "엄마! 있잖아, 오늘 말이야" 하고 미주알고주알 떠들던 아들이 어느 순간 조개처럼 입을 굳게 다문다. 말을 걸어도 들리지 않는 양 무시하기 일쑤다.

왜 아들은 엄마 앞에만 서면 입을 다물까? 이유는 단순하다. 엄마의 잔소리가 싫어서다. 아이 입장에서 생각해보자. 아침이면 이불 속에 있을 때부터 "빨리 일어나지 못해!"라며 언성을 높이고 "세수는 했니?", "준비물 잊어버리면 안 돼", "서두르지 않으면 지각이야, 얼른 학교 가"라며 집을 나설 때까지 닦달한다. 학교에서 돌아오면 "숙제는 다 했니?", "아무 데나 옷을 벗어놓으면 어떡해", "텔레비전 그만 보고 공부해", "또 문자메시지야? 누구한테 온 거니?"라며 쉴 새 없이 들볶는다.

아이 뒤를 쫓아다니며 잔소리를 하는 엄마도 피곤하겠지만, 잔소리를 피해 귀를 막고 방으로 들어가 버리는 아이 마음도 편하지는 않다.

엄마의 잔소리에 대응책이 없는 남자아이들

"말을 듣지 않으니 어쩌겠어요. 부모가 주의를 주는 게 당연한 거 아닌가요?"

대부분의 엄마가 이렇게 말하겠지만 나를 포함한 남자들은 고장 난 수도꼭지처럼 생각나는 것을 쉴 새 없이 쏟아내는 여성 특유의 화법을 마주하면 당황스럽다. 아이라고 다르지 않다. 남자아이들은 엄마(태어나서 처음 만난 여자)의 속사포처럼 쏟아지는 잔소리에 대응책이 없다.

여자아이라면 다를 것이다. 몸짓, 표정 등 비언어적인 소통에도 능한 여자아이들은 당장 자신의 행동을 고치진 못하더라도 엄마의 눈치를 살펴 그 순간만큼은 위기를 넘기는 지혜를 보인다. 행여 입을 다물었다가도 자신에게 불리하다 싶으면 특유의 친화력을 발휘해 화해의 제스처를 취하기도 한다. 하지만 남자아이는 그런 능력이 날 적부터 없다. 여자 형제가 많은 집안에서 자라지 않는 한 여간해서 학습하기도 어려운 부분이다.

하지만 엄마들은 아들이 남자(자신과는 태어날 때부터 본성이 다른)라는 사실을 간과한 채, 남편을 대할 때보다 더 심하게 아이를 다그친다. 심지어 아이를 나무랄 때 케케묵은 지난 일까지 줄줄이 늘어놓다가 나중에는 전혀 다른 일로 화를 내기도 한다.

나는 직업상 다양한 유형의 엄마들과 이야기를 나누는데, 아들 때문에 골치를 썩는 엄마 대부분은 본인 스스로도 아이에게 잔소리가 심하다는 것을 잘 안다. 하지만 그럼에도 불구하고 잔소리를 하지 않을 수 없다고들 한다. 고쳐야 한다는 것은 잘 알고 있지만 막상 아이를 대하면 까맣게 잊어버린다는 것이다. "못 고치는 걸 어쩌겠어요?"라며 오히려 큰소리치는 엄마도 있을 정도이니 단단하게 뿌리가 박힌 습관이 아닐 수 없다.

그런 엄마 앞에서 반항기 아들이 할 수 있는 손쉬운 저항이 바로 '침묵'이다. 잔소리가 길어지기 전에 입을 꾹 다물고 자기 방에 들어가는 것이 상책이라고 생각하는 것이다.

화성에서 온 아들 vs 금성에서 온 엄마

침묵의 또 다른 원인으로는 남녀의 사고(思考)와 논법의 차이를 들 수 있다. 여성은 대체로 남성에 비해 감성적 공감력이 크고 생각하는 속도가 느리기 때문에 같은 여성끼리 대화를 나눌 때면 '그러니까', '그래서'와 같은 '순접(順接)'으로 이야기를 이어가는 경향이 있다. 또한 조금 전 이야기와 지금 하고 있는 이야기에 아무런 일관성이 없어도 아무렇지 않게 "그렇지, 그랬구나" 하고 맞장구를 친다.

반면에 남성은 '하지만', '그래도'와 같은 '역접(逆接)'을 주로 사용한다. 또한 남성은 대화 중에 말에 앞뒤가 맞지 않으면 기분이 영 개운치 않기 때문에, 대화가 논리적으로 이어지지 않으면 "조금 전 이야기와 다르잖아" 하고 반론을 제기한다.

《화성에서 온 남자 금성에서 온 여자》라는 책에서 이와 같은 남녀의 차이를 잘 설명하고 있는데, 이는 아들과 엄마와의 관계에서도 여지없이 적용된다. 내 식대로 설명하자면 '화성에서 온 아들, 금성에서 온 엄마'이다.

아이가 아주 어릴 적에는 이런 차이가 극명하게 드러나지 않기 때문에 엄마와 위화감 없이 대화를 나눌 수 있다. 하지만 아이가 자라면서 빠르고 논리적인 언어 전개방식이 몸에 익으면 여성 특유의 사고와 논법을 견디지 못한다.

성인 남성 대부분은 자라면서 많은 여자들을 만나며 여성 특유의 사고와 논법을 어느 정도 받아들일 수 있게 된다. 또한 그러한 경험이 축적되면 여성 특유의 사고와 논법을 다정다감하고 사랑스러운 매력으로 인식하고 너그럽게 이해할 수도 있다. 하지만 아직 성장 단계에 있는 남자아이에게 그런 아량을 기대하는 것은 무리이다. 오히려 엄마의 말에 얼굴을 찌푸리고 결국에 도망가는 것이 당연하다.

아이가 "나도 생각이 있으니까 제발 내버려 둬" 하며 말대꾸를 하는가? 혹은 아예 들은 척도 않고 방으로 들어가 버리는가? 감정에 휘둘리기에 앞서 아이의 성장 단계를 이해하자. 그리고 전과 다르게 엄마 말을 듣지 않는다고, 잘못 자라면 어떡하느냐고 걱정하지도 말자. 오히려 내 아이가 건강한 남자로 자라고 있다고 생각하고, 이 기간이 더 큰 성장의 계기가 될 수 있도록 방법을 강구하자.

엄마의 습관이
아들을 반항아로
만든다

엄마와 아들의 관계를 생각하면 일본의 국민 만화 《사자에 상(サザエさん)》의 한 장면이 떠오른다. 등장인물은 여든 가까운 엄마와 언뜻 보기에도 나이가 지긋한 중년의 아들이다. 지하철 역에서 표를 사려는 엄마는 역무원에게 "어른 하나, 아이 하나요"라고 말한다. 이를 옆에서 지켜보던 중년의 아들이 "어머니, 전 이제 어린아이가 아니라고요" 하고 나무라자, 그제야 엄마는 "아, 그랬지 참" 하며 얼굴을 붉힌다.

이 만화에서처럼 세상의 모든 엄마는 아들의 어릴 적 모습을 잊지 못한다. 특히 아들을 키우면서 몸에 밴 습관은 좀처럼 바꾸지 못한다. 아들은 이제 다 자랐는데도 여전히 옷가지를 주워 깨끗이 세탁해 서랍에 넣어주거나 매일 아침 늦잠을 자지 않도록 흔들어 깨운다. "숙제는 다 했니?", "이는 닦았어?" 하고 어린아이에게 하듯 지시하기도 한다. 이제 막 자립하려는 아들에게 걸맞지 않은 습관이라는 사실을 깨닫지 못하는 것이다.

인간은 본래 자신에게는 객관적인 시각을 갖기 어렵기 때문에 아무 의심 없이 몸에 밴 습관을 되풀이한다. 여성이 이해하기 쉬운 예로 화장법을 들 수 있다. 거리에서 종종 새빨간 립스틱을 바른 여성과 마주칠 때가 있다. 빨간 립스틱이 유행하던 시기가 한참 지났는데도 습관이 된 탓인지 본인은 깨닫지 못한다.

하물며 엄마와 아들 사이의 습관은 립스틱 색깔보다 훨씬 더 복잡한 사연이 있다. 화장법 정도는 주변 여성을 관찰하거나 패션잡지를 들춰보면 철지난 유행이라는 것쯤 금방 눈치챌 테지만 모자간의 습관은 겉으로 드러나지 않기 때문에 달리 비교 대상이 없다. 습관을 바꿔야 할 시기가 와도 특별한 계기가 없는 한 알아차리지 못하는 것이 당연하다.

따라서 엄마 스스로 적당한 때를 가늠하고 모자 관계를 재점

검하는 수밖에 없다. 그 시기가 바로 아들의 말과 행동에서 반항심이 느껴질 때이다. 아이에게 반항기가 보인다면 먼저 그간 아들에게 해왔던 말과 행동들을 찬찬히 되짚어보기를 권한다.

단언컨대 반항하기 시작하는 아들에게 어릴 때 하던 습관을 그대로 되풀이하는 엄마는 귀찮고 답답한 존재다. 성인이 되면 하나부터 열까지 자식 뒷바라지를 하고 싶은 것이 엄마의 마음이라는 사실을 너그럽게 받아들일 테지만 아직 성장기에 있는 아이에게는 그것을 헤아릴 만한 이해심이 없다.

문제는 머리로는 잘 알지만 사랑스러운 아들의 얼굴만 보면 불쑥불쑥 옛날 버릇이 나온다는 엄마들이 많다는 사실이다. 그렇다면 과연 어떻게 해야 몸에 밴 육아습관을 바꿀 수 있을까?

마음이 아닌 머리로 판단하라

가장 먼저 할 일은 자신과 아들을 객관적인 시각으로 바라보는 것이다. 앞서 소개한 만화의 한 장면처럼 지금 당신 눈에 비친 아들은 말을 듣지 않아 속을 썩이긴 해도 여전히 사랑스러운 어린아이의 모습일 것이다. 하지만 현실은 결코 그렇지 않다. 먼저 그 점을 받아들여야 한다. '내 아들은 내가 잘 알아. 그러니 하던

대로 해도 문제는 없을 거야'라는 안일한 생각은 아이와의 관계를 더욱 악화시키고 말 것이다.

엄마는 육체적으로 아이를 돌보지만 정서적으로도 안정감과 친밀감을 제공한다. 그래서 모자 관계를 냉정하게 돌아보기가 사실 어렵다. 하지만 지금 내 아들이 어떤 상태인지를 객관적으로 파악하지 못한다면, 현 단계에서 필요로 하는 도움을 줄 수 없다. 어쩌면 아들이 전혀 원하지 않는 것만을 계속 주거나 강요하게 될지 모른다.

오랜 습관을 바꾸게 하는 습관일지

나는 마음은 그렇지 않은데 생각대로 고쳐지지 않는다고 말하는 엄마들에게 '기록'을 권하곤 한다. 하루 한 번 시간을 정해놓고 아들과 언쟁을 벌인 순간들을 떠올려보고 간단하게 적어보는, 이른바 '습관일지'를 쓰는 것이다.

습관일지의 좋은 점은 자신의 행동 패턴을 파악할 수 있다는 것이다. 아들과 주고받은 대화나 행동을 기록하다 보면 자신이 어떤 순간 아들과 갈등을 일으키는지, 또 아들은 어떨 때 엄마의 언행에 민감하게 반응하는지 알 수 있다. 뿐만 아니라 자기도 모르는 새 습관적으로 하는 말과 행동(아들의 반항을 부추기는)도 파악할 수 있다.

아들의 실수를 지켜보는 엄마가 되자

등굣길, 갑자기 기온이 뚝 떨어져 추위가 느껴지면 엄마는 아들에게 더 두터운 겉옷을 입히기 위해 뛰어간다. 입지 않겠다는 아들과 옥신각신하다가 겨우 옷을 갈아입히고 나서야 안도의 한숨을 내쉰다.

그러나 아들이 자기가 내린 결정으로 실수를 경험하는 것을 지켜봐야 하는 순간이 분명히 찾아온다. 비록 아들이 갑자기 추워진 날씨 때문에 입술이 새파래지고 이빨을 딱딱 부딪치더라도 겉옷을 들고 뒤쫓아 가서는 안 될 때가 온다는 뜻이다.

아이는 자의식이 강해질수록 무슨 일이든 스스로 판단하려고 든다. 엄마의 말에 "내가 알아서 할게"라는 대답이 빈번해지는 것도 자의식이 커져서이다. 그로 인해 닥칠 결과보다는 판단의 주체가 '나'라는 것에 더 의미를 둔다. 엄마가 보기에는 '도대체 뭘 알아서 한다는 거야' 싶지만 말이다.

마음 아프겠지만 두 눈을 질끈 감고 아들의 실수를 지켜봐주

자. 아들이 엄마가 준 겉옷을 내던지고 얇은 옷을 걸친 채 학교에 가더라도 "그래? 그럼 네 생각대로 해" 하고 아무렇지 않게 돌아설 줄 알아야 한다. 엄마 눈에는 '스스로' 하는 것이 아닌 '제멋대로' 하는 것으로 비치겠지만, 실수를 거듭할수록 아이는 균형감을 찾아간다. 또한 자신을 믿고 지켜봐주는 엄마라는 존재에 대해 새롭게 인식하게 된다.

지금까지의 습관을 바꿔야 하고, 이를 위해 한 걸음 떨어져 객관적으로 자신과 아들을 바라보라고 말하면 대부분의 엄마는 아이와 멀어지지 않을지를 걱정한다. 하지만 그런 걱정은 접어둬도 좋다. 아들은 성장하는 중에 엄마를 완전히 잃지 않으면서 떠나야 하고(지금이 바로 그 순간이다), 또 언젠가는 자신을 잃지 않으면서 엄마에게 돌아와야 한다. 지금 당신의 아들은 엄마가 사랑을 거둬들이기를 원하는 것이 아니라, 단지 사랑을 쏟는 방식을 달리 하기를 원하는 것이다.

현실을 직시하고 지금의 아들에게 걸맞은 방식으로 새로운 습관을 들이자. 지금까지의 육아습관을 의식적으로 바꾼다면 반항기를 훨씬 쉽게 극복할 수 있을 것이다.

아들은
당신의 연인이
아니다

　　부모에게 자식은 똑같이 소중하다고들 하
지만 내가 가르치는 아이들과 그 엄마를
보면 유독 아들에 대한 애정이 각별한 듯하다. 나도 1남 1녀를
키우고 있지만 아이들을 대하는 아내의 태도에서도 그 차이는
여실히 드러난다.

　　물론 딸에게 애정이 없다는 말이 아니다. 딸과 아들에게 쏟는
애정의 양은 같지만 내용 면에서 차이가 있다. 딸에게 품는 애정
이 친구에 가깝다고 한다면, 아들에게 품는 애정은 연인에게 느

끼는 애정과 비슷하다.

　여성은 본래 누군가를 보살피고 싶어 하는 경향이 있다. 그래서인지 보살핌이야말로 최고의 애정표현이라고 생각하는 사람이 많다. 이해가 가지 않는다면 결혼 전의 연애시절을 한번 떠올려보자. 어질러진 남자 친구의 방을 깨끗이 치워준 적이 있지 않은가? 밀린 빨래를 해주거나 직접 요리까지 만들어 먹이면서 행복을 느꼈을지도 모른다.

　아들의 뒤치다꺼리를 하는 것도 남자 친구의 방 청소를 해주는 것과 마찬가지 기분일 것이다. 더군다나 '내가 낳은 아이'라는 소유욕까지 더해지면서 아들에게는 더욱 정성을 다한다. 아침이면 현관문 밖에까지 나와서 배웅하고 학교에서 돌아오면 하던 일을 멈추고 마중 나가는(남편에게는 절대 안 하는) 일도 아들에게는 자연스럽다.

아들 주위를 끝없이 맴도는 '헬리콥터 엄마들'
일반적으로 남자아이들은 성장하면서 학교와 친구, 운동, 활동적인 취미 생활 등으로 활동 범위를 넓혀나간다. 아들의 활동 범주가 커지면 엄마도 덩달아 몸과 마음이 바빠진다. 이전에는 시야 안에서 놀던 아이가 잠깐 눈을 돌려도 어느새 사라지고 없으니 마음 편히 쉴 수도 없다. 그래서 아들이 충분히 성장했음에도 불구하고 곁을 떠나지 못한 채 주위를 끝없이 맴도는, 이른바 '헬리콥터 엄마'가 되고 만다.

이렇듯 헬리콥터 엄마들이 느끼는 것은 저출산의 영향이 크다. 알다시피 출산율 감소는 날로 심각해지고 있다. 줄곧 내리막길을 달리던 출산율이 2014년에는 여성 1명이 평생 낳는 자녀의 수가 평균 1.4명까지 감소했다(한국의 경우는 이보다 더 심해 2014년 기준 1.3명이다).

형제가 대여섯씩이던 시절에는 부모가 아이 한 명에게 쏟는 에너지가 한정될 수밖에 없었다. 지금처럼 가전제품의 도움을 받을 수도 없었기 때문에 전업주부라고 해도 집안일 하느라 바빠 자식들 끼니 챙기기도 쉽지 않았다.

그런데 요즘은 많아봤자 둘 또는 외동이를 키우는 가정이 일반적이다. 이제 아이는 형제들과 나눠 갖던 엄마의 사랑과 보살핌을 한 몸에 독차지하게 되었다. 게다가 아빠는 잦은 야근과 회식으로 귀가시간이 점점 늦어지면서 존재감마저 희미해진다.

상황이 이렇다보니 엄마 입장에서는 눈앞에 있는 아들을 향한 애정이 더욱더 깊어질 수밖에 없다. 요즘 엄마들에게 아들은 연인이나 다름없는 존재라고 해도 과언이 아니다.

하지만 아들은 아들일 뿐 영원히 연인이 될 수 없다. 당신이 연인처럼 대해야 하는 사람은 남편이지 아들이 아니라는 말이다.

'사랑해서'가 아니라 '믿지 못해서'다

아들을 연인처럼 대하는 엄마들을 보면 스스로 착각하는 경우가 많다. 그들은 자신이 아들에게 하는 모든 행동에 대해 "사랑하니까"라고 답한다. 그런데 가만히 들여다보면 그런 행동들은 사랑해서가 아니라 믿지 못해서라고 보는 편이 정확하다.

언젠가 유독 소심하고 말이 없는 남자아이를 상담한 적이 있다. 엄마 손에 이끌려 온 아이는 질문에 공손하게 대답은 하는데 기어들어가는 목소리였고 행동도 굼떴다. 한눈에 보기에도 아이는 나를 만나는 것이 부담스럽고 싫은 게 분명했다.

아이에게 내 소개를 한 뒤 "밥은 먹었니?" 하고 물었다. 그런데 아이가 미처 입을 떼기도 전에 엄마가 "아침부터 여기저기 들를 데가 많았어요. 시간이 빠듯해서 간단히 빵만 먹고 왔지 뭐예요" 하고 대답을 가로챘다.

문제는 거기에서 그치지 않았다. 그 엄마는 다음 번 질문들에도 아이의 대답이 좀 짧다 싶으면 얼른 나서서 대신 이야기하는 것이었다. 짧은 상담이었지만 누가 봐도 아들을 전혀 믿지 않는 다는 사실을 알 수 있을 정도였다.

이런 엄마들은 대개 아들에게 행하는 모든 행동에 '사랑'이라 는 단서를 붙인다. 이들의 무의식에는 '나 아니면 안 된다'는 자 만심도 숨어 있다.

안타까운 것은 이런 행동이 아들에게 얼마나 악영향을 끼치 는지 엄마 자신은 미처 모른다는 것이다. 아들 입장에서 보면 어 렸을 때야 자신에게 아낌없이 베풀어주는 엄마가 마냥 좋지만, 이제 아들은 그것이 엄마가 자기를 유난히 사랑해서가 아니라 믿지 못해서 그러는 것임을 분명히 깨닫는다. 하지만 여전히 계 속 되는 엄마의 애정공세에 속마음을 표출 못하고 입을 다물어 버리고 마는 것이다.

사랑과 간섭, 그 미묘한 간극

사랑과 간섭, 이 둘에 대한 구별은 엄마들에게 영원히 풀리지 않 는 숙제처럼 느껴질 것이다. 하지만 아들 생활의 세세한 것까지 챙기려드는 간섭과 아들을 적극적으로 지지하고 후원하는 진정한 사랑에는 미묘한 차이가 있다.

아들을 정말 사랑한다면 아들이 자기만의 방법으로 세상을 발견하고 알아갈 수 있도록 기회를 줘야 한다. 아들이 만일 신체 장애가 있거나 정서적으로 미숙한 상태라면 당연히 옆에서 챙겨주고 보살피고 싶을 것이다. 하지만 이 경우라도 평생 동안 장애를 극복해야 할 당사자는 바로 아들 자신이다. 엄마 입장에서의 사랑이 자칫 아들을 엄마 없이는 아무것도 할 수 없는 마마보이로 만들지 모른다.

옆에서 지켜보는 엄마에게는 힘든 일이겠지만 무슨 일이든 스스로 해나갈 때 비로소 아들은 자기 자신에 대한 신뢰를 키워나갈 수 있다. 이와 더불어 자신을 지켜봐주는 엄마에 대한 신뢰도 깊어지게 된다.

물론 아들은 시행착오를 겪을 것이다. 하지만 앞으로의 더 나은 인생을 위해서는 실패도 경험해봐야 한다. 옆에서 계속 챙겨주다가 아무 준비 없이 세상에 내보내는 것보다는 지금 실컷 실패하도록 내버려두고 그 결과를 스스로 배우게 하는 편이 훨씬 낫지 않을까?

한 가지 팁을 주자면, 아들에게 반항기가 왔다 싶으면 지금까지 아들에게 쏟았던 애정을 남편에게 기울여 보라는 것이다. 나는 그동안 아들에 대한 애정의 일부를 남편에게 돌리는 순간, 부부 관계도 연애시절처럼 애틋해지고 가정 분위기도 좋아졌다고 말하는 엄마들을 많이 만났다.

꼭 남편이 아니어도 좋다. 아들과의 일대일 관계에서만 답을 찾으려들지 말고 대상이 무엇이 됐든 아들에게 쏟았던 애정을 다른 방향으로 돌리자.

내 주변의 엄마들을 보면 엄마 스스로 행복한 경우가 적다. 아이가 공부를 잘해서, 말 잘 듣고 얌전해서 만족감이 큰 엄마들은 종종 봐왔지만, 그 엄마들에게 과연 육아 외에 의미 있는 일이 있을지에 대해서는 의구심이 든다. 오로지 아이에게서 모든 행복을 찾는 것, 그것은 자식을 위해 엄마는 무조건 희생하고 참아야 된다는 선입견에서 비롯된 게 아닐까? 그런 가치관이 결국 엄마로 하여금 아이에게만 집중하는 삶을 살게 하는 것이다.

여성의 지위가 높아졌음에도 불구하고 우리 사회는 여전히 '엄마'라는 이름에게 인색한 것 같다. 끊임없는 스트레스 속에서도 엄마이기에 어려움을 이겨내고 기꺼이 자신보다는 아이를 먼저 생각하는데도 '나쁜 엄마'라는 꼬리표가 붙는다.

아이로부터 멀어지라는 말이 아니다. 거리는 유지하되 엄마 자신에게 더 집중하라는 말이다. 결과적으로 볼 때 그것이 엄마와 아이 모두를 위하는 길이다.

외 동 아 이 에 게 도 성 性 차 가 있 다

외동딸보다 위험한 외동아들

4인 가족이 표준인 시대가 있었지만 요즘은 3인 가족, 즉 외동 아이를 둔 가정이 늘고 있다. 저출산으로 인해 오히려 자녀가 셋 이상인 가정을 보기가 드물다. 부모-자식 관계도 예전과 달라 져서 전에는 큰 기대를 받고 자란 맏이와 그 아래 형제들이 여 러모로 격차가 컸지만, 이제는 하나뿐인 아이가 부모의 온 기대 를 받고 자라고 있다. 그러다보니 아이에 대한 집착이 외동인 경 우에 훨씬 크다.

외동딸의 경우는 엄마와 친구 같은 관계로 자랄 가능성이 크 다. 함께 수다를 떨거나 쇼핑을 하고, 좀 자라서는 옷이나 핸드 백을 서로 빌려주는 사이가 된다. 물론 이 경우도 엄마의 집착이 지나치면 아이가 독립된 인격체로 자라기 어렵다.

그런데 외동아들의 경우는 문제가 좀 복잡하다. 태생적으로 남자에 비해 여자가 더 꼼꼼한 것인지는 모르겠지만, 확실히 아들은 딸보다 야무지지 못하다. 그래서 외동아들을 키우는 엄마는 외동딸을 키우는 엄마에 비해 아이가 어릴 때부터 지나치게 간섭한다. 너무 잘해준다고 해야 할까? 매일 아침 옷을 골라주고, 옷 갈아입는 것을 도와주고, 외출이라도 하게 되면 신발까지 신겨준다. 몸을 아끼지 않는 엄마의 헌신은 외동딸보다 외동아들인 경우에 더 심하다.

그 결과 아이는 무슨 일이든 엄마의 허락 없이는 스스로 해결 못하는 마마보이로 자란다. 마마걸보다 마마보이라는 말이 더 많이 쓰이는 것도 이 때문이다.

또 다른 비극은 엄마가 자기 기분을 조절하지 못할 때 일어난다. 아이 키우는 부모들이 가장 어려워하는 점이 감정 조절이다. 어제까지 잘 참고 넘기던 일을 오늘은 마귀처럼 화를 내며 윽박지르는 것도 다반사다.

앞서 말했듯 여자아이는 비언어적 소통에도 능해서 눈치껏 대응하거나 피하지만, 남자아이는 엄마의 감정적인 행동에 대해 대응책을 모른다. 형제가 둘 이상이면 피해가 분산되지만 외동아들라면 엄마의 감정을 혼자서 다 받아내야 한다. 그 결과 아이는 한번 대들어보지도 못하고 자기 의견을 말 못하는, 그야말로 거세당한 남자로 자란다.

눈치 빠른 아이라면 그 자리에서만 '네네' 하면 넘어간다는 요령을 터득해서 제멋대로인 여자를 잘 다루는 인기남으로 자라지만 그런 일은 극히 드물다. 일단 견디고 보자는 생각부터 하기 때문에 자아가 바로 서지 않은 남자로 자랄 가능성이 크다.

외동아들을 키운다면 정말 위험한 일 이외에는 더더욱 간섭하지 않는 것이 좋다. 마마보이로 자란 남자가 매력이 없다는 사실은 누구보다 엄마 자신이 잘 알고 있을 테니 말이다.

남편과의
관계가
좋아야 하는 이유

앞에서 나는 아들을 연인처럼 대하는 엄마
들에 대해 우려를 표했다. 하지만 모든 엄
마들이 아들에게 무차별적 애정공세를 퍼붓는 것은 아니다. 이
와 정반대로 아들이 어느 정도 성장하면 너무 쉽게 아들과의 관
계를 포기해버리는 엄마들도 있다. 어떤 엄마는 "이제 내 말은 듣
지 않아요. 어느 땐 너무 무섭게 화를 내기도 해서 이제는 아예
말을 안 하고 있어요"라고 말하기도 했다. 이 정도만 돼도 괜찮은
데, 어떤 엄마는 '이에는 이, 눈에는 눈' 식으로 주도권을 두고 아

들과 전면전을 펼치기도 한다. 마치 부부싸움을 하듯 말이다.

'아들에 대한 지나친 애정을 거두라'는 말을 잘못 생각하는 엄마들이 있는데, 간섭하지 말라는 말이 아들과의 관계를 포기하거나 주도권 싸움을 하라는 뜻은 아니다.

아들과 반목하는 엄마의 특징

이 책에서 누차 강조하는 바이지만 엄마와 아들은 기본적으로 성性이 다르다. 그래서 엄마가 아들을 이해하는 데 어려움이 따른다. 만일 남자 형제가 없는 엄마라면 어려움이 더 커진다. 가뜩이나 아들은 반항하는 빈도가 늘어가는데 엄마는 남자들과 어울려 지내본 경험조차 없으니 "이건 내 영역 밖의 일이야" 하고 포기하고 마는 것이다.

반면 유년 시절에 남자 형제(혹은 친구)들과 즐겁게 지낸 엄마들은 아들이 조금 지나친 행동을 보여도 섣불리 관계를 포기하지 않는다. 남자아이들의 특성을 어려서부터 익히 보아 왔기 때문에 아들의 그런 행동을 자연스럽게 받아들이는 것이다.

과거에 남자나 남자아이로 인해 힘들었던 경험이 있는 엄마도 아들과 반목할 수 있다. 이런 엄마들은 기본적으로 남성(남자아이)에 대해 부정적인 시각이 있기 때문에 아들의 엉뚱한 행동에 대해서도 똑같이 부정적인 선입견을 갖는다. 이들은 아들의 우발적인 태도에 과격하게 화를 내고 급기야 어른을 대하듯 심한 말로 상처를 준다.

어떤 경우든 아들에 대한 엄마의 생각과 감정이 당사자인 아들에게 전달되지 않을 리가 없다. 그리고 이는 고스란히 남아 아들이 성인이 되어 여성과 관계를 조성할 때 장애가 된다.

남편과의 관계부터 새롭게 조성하라

지나간 과거를 되돌리거나 이미 머릿속에 자리 잡은 선입견을 고치기란 쉽지 않다. 더구나 아이는 하루하루 쑥쑥 자라는데 '내게 문제가 있어' 하며 자책하고 있을 시간도 없다. 그래서 나는 이런 엄마들에게 남편을 적극적으로 끌어들이라고 조언한다.

만일 남편과의 관계가 소원하다면 더욱 그래야 한다. 부부 관계가 좋지 않은 엄마들이 아들에게 흔하게 하는 실수 중 하나가 "어쩜 너는 네 아빠랑 그렇게 똑같냐"는 식의 맹목적인 비난을 퍼붓는 것이다. 이런 식의 비난은 모자 관계를 악화시키는 것은 물론 부자 관계에도 큰 상처를 주고 만다. 그리고 여성을 바라보는 시각에도 부정적인 영향을 주기 때문에 나중에 아들이 배우자를 택하고 결혼을 할 때 장애요소로 작용할지도 모른다.

앞에서 나는 아들에 대해 애정이 지나치다면 그 애정의 방향을 남편에게 돌리라고 말했다. 반대의 경우도 마찬가지이다. 아들과의 관계를 포기하고 싶거나 아들과 지나치게 대립하고 있다고 느껴진다면 남편과의 관계에 시선을 돌리자. 부부관계에 문제가 있다면 먼저 그것부터 바로잡자. 아내와의 관계가 돈독한 남편은 자연히 아들에게도 관심을 기울이게 마련이다.

또 하나 명심해야 할 것은 아이가 반항기에 들어섰을 때 아빠의 존재가 더욱 빛을 발한다는 점이다. 아이가 성적인 호기심을 느껴 전에 없던 행동을 할 때 불안해하는 엄마에게 "괜찮아, 남자아이는 다 그래. 때가 되면 나아지게 돼 있어" 하고 조언해줄 사람이 바로 아빠이다. 엄마 없이 아들을 조용히 데리고 부자간의 은밀한 정을 쌓으며 밀담을 할 수도 있다.

오늘 당장 남편과 이야기를 나눠보는 건 어떨까? 어쩌면 남편은 자신에게 SOS를 청하는 당신을 보며 연애시절처럼 멋진 남자로 거듭나보겠다고 다짐할지도 모른다.

'초등 잔혹기'를
현명하게
넘기려면

　　나는 아들을 키우는 엄마들에게 늘 '고추의 힘'에 대해 이야기하곤 한다. '고추의 힘'이란 아들을 상징하는 말로 한시도 가만있지 못하고 몸을 움직여야 직성이 풀리는 에너지를 뜻한다. 쓸데없이 일을 벌이거나 엉뚱한 일을 생각해내는 힘이다.

　　엄마 눈에는 그 모습이 그저 놀기만 하는 것으로 보일지 모른다. 하지만 내가 오랫동안 남학생들을 지도하면서 깨달은 것은, 남자아이들은 어렸을 때부터 충분히 놀았던 아이일수록 공부를 잘한다는 점이다. 우리가 익히 알고 있는 역사 속의 위대한 정치가나 과학자, 예술가, 사업가들은 한결같이 어린 시절에 못 말리는 장난꾸러기였다. 하지만 안타깝게도 우리가 처한 공교육 현실은 아들 고유의 '고추의 힘'을 자라지 못하게 막고 있다.

남학생이 여학생보다 불리한 이유

남성과 여성이 뇌 구조가 다르다는 것은 이미 잘 알려진 사실이다. 이 차이는 어릴 때는 잘 보이지 않다가 초등학교에 들어가면서부터 확연히 드러난다.

조금 전문적인 이야기를 해보겠다. 뇌에서 나오는 신경전달물질 중 세로토닌이라는 것이 있다. 세로토닌은 안정적인 기분을 만들어주는 데 필수적인 요소인데 안타깝게도 아들의 뇌에서 분비되는 남성 호르몬인 테스토스테론은 세로토닌의 분비에 영향을 미치지 못한다. 오히려 도파민이라는 신경전달물질을 분비해 기분을 들뜨게 하고 경쟁심과 쾌감을 불러일으킨다.

설상가상으로 가뜩이나 들뜨기 쉬운 아들의 뇌는 우뇌의 발달로 인해 시각적인 자극이 주어져야만 무언가에 집중할 수 있다. 그런데 수업 시간 내내 시각적인 자극 없이 선생님 얼굴만 보고 있어야 하니 수업에 집중하기는커녕 지루함을 참을 수 없게 된다.

이런 뇌를 가진 아들이 교실에서 과연 어떤 모습이겠는가? 좀이 쑤신 나머지 잠시 선생님의 말을 듣는 듯싶다가도 창밖으로 시선을 돌리거나 엉덩이를 들썩이기 일쑤일 것이다. 운동장에서도 마찬가지이다. 나란히 줄을 맞춰 서거나 지시에 따라 움직이는 것이 달가울 리 없다. 그러니 초등학교 현장에서는 여자아이보다 남자아이가 성적이 떨어지는 것은 물론 선생님에게 야단맞는 빈도도 높다. 실제 연구 결과를 보아도 초등학교에서는 여학생들이 남학생들보다 높은 학업 성취도를 보인다고 한다.

만일 초등학교에서 남자아이의 이런 특성에 맞는 교육을 시행한다면 남학생들 역시 높은 학업 성취도를 보이겠지만, 우리의 공교육은 아직까지 얌전히 앉아 수업을 듣거나 정해진 규율대로 움직여야 하는 방식이다. 이런 방식은 상대적으로 여자아이들에게 유리하다. 그러다보니 남자아이들이 여자아이들에 비해 더 위축되고 급기야 자신감까지 잃는 경우가 많다. 더구나 이제는 여자아이들에게도 아낌없이 투자하는 시대여서 학교에서는 '여초' 현상이 갈수록 두드러진다.

여기에 하나 더 보태면, 초등학교에 여선생님이 훨씬 더 많다는 점도 '고추의 힘'을 저해하는 원인이 된다. 엄마와 마찬가지로 여선생님은 남자아이에 대한 이해가 부족하기 때문에 남자아이들이 가만히 있지 못하는 것을 용납하지 못한다. 성장 발달 면에서도, 환경적인 요인에서도 초등학교에서는 남학생이 여학생보다 불리한 것이 현실이다.

에너지를 발산할 기회를 주자

남자아이들은 대부분 산만하다. 책상 앞에 10분도 못 앉아있는 것은 아이 내면에 자리 잡은 '고추의 힘'이 일어나 움직이라고 시켰기 때문이다. 아이에게 문제가 있어서가 아니라 열 살까지의 남자아이들의 특징이 그렇다. 이런 특징은 초등학교 고학년이 되어야 조금씩 누그러드는데, 이때까지는 아이를 억지로 책상 앞에 앉혀두기보다는 차라리 에너지를 충분히 발산할 기회를 주는 편이 낫다.

'저래서 공부는 언제 하나' 하고 걱정할 필요는 없다. 이 시기에 충분히 에너지를 발산하고 마음껏 재미를 추구한 아이들은 두뇌도 쑥쑥 자라 창의적이고 긍정적인 남자로 자란다. 주변 친구를 의식해서든 스스로 자각해서든 공부해야 할 때라는 걸 저절로 깨닫고 알아서 공부한다. 다시 한번 강조하지만 천방지축으로 까불대는 이 에너지야말로 남자아이에게 없어서는 안 될 가장 중요한 힘이다.

학교에서 이 에너지가 제대로 발산되지 못하고 있으니 엄마가 나서서 도와줘야 한다. 교육 컨설턴트로서의 내 경험에서 보자면 남자아이를 제대로 키우려면 가장 먼저 할 일이 아이를 충분히 놀게 하는 것이다. 이때 논다는 것은 텔레비전을 보거나 컴퓨터 게임을 하는 것이 아니다. 보고 들으며 온몸으로 체득하는 놀이, 경험을 통해 자기주도적인 생각을 쌓을 수 있는 놀이를 해야 한다.

놀이 감각이 있는 아이는 나중에 어느 학원을 보내든 성적이 오른다. 또한 놀이를 통해 얻은 이런저런 체험들을 바탕으로 어려운 문제를 스스로 헤쳐 나간다. '고추의 힘'을 제대로 기른 아이야말로 훗날 탐구심과 창조력, 업무 능력까지 갖춘 멋진 어른으로 자란다는 사실을 잊지 말자.

아들이
엄마에게
원하는 것

거듭 말하지만 남자아이가 성인으로 자라
는 데 반항기는 꼭 필요한 성장과정이다.
하지만 개중에는 반항기 없이 그대로 어른이 되는 경우도 있다.

내 친구 중 하나는 반항기의 갈등을 하나도 겪지 않고 아이를
잘 키워냈다. 그 집은 아들 하나를 두었다. 이미 말했지만 외동
아들은 엄마의 관심과 간섭을 한 몸에 받기 때문에 자칫 반항이
더 심해지기 쉬운데 그 아이는 부모를 무시하거나 속 썩이는 일
없이 훌륭한 사회인으로 성장했다. 어떻게 그럴 수 있을까 싶어

이유를 물었더니, 아들을 키울 때 원칙은 딱 하나였다고 했다.

"다른 건 없어. 뭐든지 의견을 물었을 뿐이야."

한 사람으로 존중하라

그 아이가 반항기 없이 잘 자란 것에는 친구 내외가 어릴 때부터 아이를 어엿한 한 사람으로 존중해준 영향이 컸다. 예를 들어 가족여행을 계획할 때도 보통 가정에서는 아이의 의견을 크게 중시하지 않는 데 반해 친구 가정에서는 어디로 갈지, 여행지에서 무엇을 할지 등을 전부 아이와 함께 의논하는 것이 자연스럽게 몸에 배어 있었다. 특히 가족 모두와 관련이 된 일이면 부모가 결정을 내리기 전에 모두가 함께 있는 자리에서 아이의 의견을 물었다고 한다.

평소 생활에서도 예의범절 등 마땅히 가르쳐야 할 것들은 엄하게 가르치되, 그것들이 왜 필요한지 충분히 설명하고 이를 어길 시에 받아야 할 불이익(처벌)에 대해서는 일방적으로 통보하지 않고 사전에 협의를 했다. 늘 아이를 가족의 구성원으로서 인정하고 대등한 위치에서 의견을 구했던 것이다.

아이의 반항은 '자신을 어른으로 인정해주길 바라는 마음'의

표현이다. 어린 시절부터 어른으로 대우받았다면 굳이 반항을
할 이유가 없다. 친구 가정이야말로 반항기가 없는 가정의 바람
직한 예로 볼 수 있을 것이다.

사소한 일에도 귀를 기울여라

내가 친구 아들의 이야기를 하면 대부분 부모들이 자기도 그렇
게 하고 있다며 고개를 갸웃거린다. 아무리 바빠도 아이의 이야
기를 들어주려고 애를 쓴다는 것이다. 그런데 시시한 이야기나
앞뒤가 안 맞는 이야기까지 놓치지 않고 들어주느냐고 물으면
선뜻 그렇다고 대답하지 못한다.

엄마가 보기에 아들은 터무니없는 얘기를 곧잘 한다. 내일 아
침 바다로 여행 가기로 모두 찬성했는데 떠나기 직전에 갑자기
놀이동산에 가고 싶다고 떼를 쓰기도 하고, 묻는 말에 대답은 않
고 엉뚱하게 다른 이야기를 꺼내기도 한다. 하지만 아들이 하는
모든 이야기에는 나름대로 '이유'가 있다. 엄마가 보기에는 전혀
중요하지도 않고 상황에 맞지 않는 이야기이더라도 아들에게는
중요하다.

그런 말 하나하나에 대응해준다는 것이 성가신 일이긴 하다.

하지만 그렇다고 아이의 말을 무시해선 안 된다.

아들은 자기가 무슨 말을 했을 때 엄마가 어떤 반응을 보일지 늘 기대한다. 엄마가 자신의 말을 잘 들어준다는 사실만으로 안심하는 것이 남자아이이다.

사람은 누구나 자기 이야기를 잘 들어주고 반응해주는 사람 앞에서 만족감을 얻는다. "네 말은 틀렸어"라고 부정하거나 잘 들어주지 않으면 상대방과 이야기할 마음이 사라진다.

아이도 마찬가지이다. 엄마가 자신의 말을 무시하거나 끝까지 듣지 않고 말을 가로채면 무시당했다는 비통함을 느낀다.

아무리 사소한 이야기라도 일단 들어주자. 엄마가 아니면 누가 아이의 말을 끝까지 들어주겠는가?

'거리두기'와 '방치'는 다르다

앞에서 예를 든 친구의 아이처럼 반항기를 겪지 않고 좋은 남자로 성장하는 경우도 있지만, 그와 반대로 반항기를 겪지 않은 탓(?)에 어른이 돼서도 사회에서 자립 못하는 일이 있다. 이는 부모가 아이와 거리를 두는 방법을 잘못 취했기 때문이다.

가령 아들의 친구가 집에 놀러왔다고 하자. 아이들이 방에 들어가 놀고 있는데 자꾸 들여다보면 어린애 취급하는 것 같아 간식거리를 방 앞에 두고 총총히 사라진다. 언뜻 보기에는 아이를 어른으로 존중하는 것 같지만 이런 행동은 결국 뒤치다꺼리에 지나지 않는다. 굳이 얘기하지 않아도 엄마가 알아서 챙겨주니 아들은 그냥 맘 편하게 지낼 뿐이다.

이런 식으로 아이를 챙기는 가정이라면 엄마 품에 있을 땐 아들도 마음 편하게 지낼 테고 굳이 반항할 이유도 없다. 그러니 겉으로는 반항기 없이 성장하는 것처럼 보인다. 하지만 그대로 어른이 되면 평생 자립하지 못하고 마마보이 딱지를 붙이고 살거나 세상일이 다 자기 뜻대로 될 거라고 믿는 자기중심적인 남자가 되거나, 둘 중 하나가 될 가능성이 크다.

반항기가 닥쳐올 조짐이 보이면 아들과 거리를 두는 것이 중요하지만, 거리를 두라는 것이 방치를 의미하는 것은 아니다. 아이와 부딪칠 때 생기는 갈등을 두려워하는 엄마가 흔히 저지르는 실수가 바로 '방치'이다. 거리를 두되 아들에게 해야 할 말은 확실하게 하고 자립을 도와야 한다. 간식거리를 방 앞에 두기 전에 먹을 것이 필요한지 아이에게 묻는 것이 먼저다. 긁어 부스럼을 만들지 않으려고 조심하는 것도 좋은 방법이 아니라는 것을 잊지 말자.

육아의 최종목표는
결혼 전에
건강한 남자로
키우는 것

당신은 아들이 어떤 사람으로 자라길 기
대하는가? '돈 잘 벌고 사회적으로 성공해
남들이 부러워하는 사람' 정도의 막연한 답은 하지 마라. 목표
가 확실하지 않은 공부가 좋은 성적을 기대하기 어렵듯, 내 아들
의 밝은 청사진을 바란다면 육아에도 보다 구체적이고 분명한
목표가 있어야 한다.

나는 아들의 장래를 두고 상담을 청하는 엄마들에게 아주 단

순한 제안을 하곤 한다. 아들을 20년 뒤에 여성으로부터 선택을 받을 수 있는 '매력적인 배우자'로 키우라는 것이다.

결혼한 아들이 당신에게 선사할 즐거움

우선 20년 후쯤의 당신과 아들의 모습을 떠올려보자. 의젓하게 자라서 사회인이 된 아들은 이미 결혼을 했거나 결혼을 염두에 두고 있을 것이다(물론 이 같은 가정은 당신의 아들이 배우자로서의 요건을 갖췄을 때 가능하다).

아들을 품에서 떠나보내는 서운함도 있겠지만, 아들이 결혼을 한다는 것은 인생의 노후에 접어든 당신에게 또 다른 인생이 선물로 찾아온다는 것을 의미한다.

당신은 이미 당신 아이로 인해 '나를 닮은 아이를 낳아 키우는' 행복을 맛보았다. 하지만 그 행복은 아이가 성장함에 따라 조금씩 반감된다. 오죽하면 아이가 천천히 자랐으면 좋겠다는 말까지 하겠는가. 하지만 그것은 어쩔 수 없는 인생의 순리이다.

그런데 아들이 결혼을 하는 순간, 다시는 오지 않으리라 체념한 그 행복을 다시 맛볼 수 있다. 당신을 "할머니, 할머니" 하고 부르며 재롱을 떠는 손자, 손녀를 통해 20~30년 전에 처음 느낀 그 설렘을 다시 가질 수 있는 것이다. 그것도 아이를 키울 때 필연적으로 따라오는 괴로움은 아들 부부에게 넘긴 채 말이다.

또한 손자, 손녀로 인해 아들과의 관계도 새롭게 구축된다. 이미 육아 경험이 있는 당신은 이제 막 부모로서 첫발을 뗀 아들에게 훌륭한 조력자로 나설 수 있다. 아이 때문에 어쩔 줄 몰라 하는 아들에게 "너 어릴 때는 더 했어"라는 한 마디는 그 어떤 교육서보다 따뜻한 위로가 될 것이다.

만일 당신의 아들이 이런저런 이유로 결혼하지 못한다면 당신은 손자, 손녀를 보는 기쁨을 누리지 못할뿐더러, 당신의 아들 역시 자신의 유전자를 세상에 남기는 기쁨을 맛보지 못하게 된다. 유전자 따위는 남기지 않아도 된다고 생각하는가? 만일 그런 생각을 하고 있다면 자기 이외에 다른 사람을 사랑할 기회를 스스로 버리는 것이다. 세상이 어떻게 바뀌든 사람은 누군가에게 사랑받고, 또 누군가를 아낌없이 사랑할 때 최고의 행복을 느끼는 존재다. 하물며 그 누군가가 자신의 유전자를 갖고 태어난 존재라면 어떻겠는가? 많은 부모들이 자식 기르는 고충을 토로하면서도 아이로 인해 새로운 인생이 시작됐다고 말하는 데는 그럴 만한 이유가 있는 것이다.

아들을 매력적인 배우자로 키워야 하는 이유

요즈음 비즈니스 사회에서 능력을 발휘하는 여성이 늘고 있다. 남성보다 여성의 우수성을 높이 평가하는 기업도 많다. 그 결과 '변변찮은 남자와 평생을 사느니 혼자 멋지게 사는 게 낫다'며 결혼에 부정적인 여성이 많아졌다. 바꿔 말해 남성의 결혼 장벽이 전보다 더 높아진 것이다.

실제 일본의 경우 최근 국립사회보장 인구문제연구소에서 조사한 생애미혼율(50세까지 결혼하지 않은 비율)은 여성이 약 7퍼센트인 데 비해 남성은 그 배가 넘는 약 16퍼센트에 달했다. 남자 6명 중 1명꼴로 독신인 셈이다. 게다가 연대별 미혼남녀의 수를 비교해도 30대 남성 3명 중 1명이 남는다는 걱정스러운 보고도 있다. 당신의 아들이 결혼을 해야 하는 20년 뒤쯤에는 훨씬 더 심해질 것이다.

다시 말하지만 이제는 남성이 원한다고 결혼을 할 수 있는 시대는 지났다. 냉정하게 말해 앞으로 남성이 결혼하려면 치열한 경쟁을 뚫고 여성의 선택을 받아야 한다. 그렇다면 그 조건은 무엇일까? 좋은 학벌? 고수입? 수려한 외모? 모두 틀렸다. 요즘 세상에 그런 조건만으로 여성의 마음을 사로잡기란 불가능하다.

자립한 여성은 학벌이나 수입, 안정된 직장 등을 갖춘 남성을 선택하지 않는다. 결혼하면 전업주부로 가정을 지키겠다고 생각하는 여성도 드물며, 결혼 뒤에도 계속 일할 생각이기 때문에 남편의 경제력은 그다지 신경 쓰지 않는다. 물론 부가적으로 그런 조건을 갖추면 좋겠지만, 꼭 갖춰야 할 필요조건에 해당하지는 않는 것이다.

여성에게 필요한 배우자는 자신과 함께 동등한 위치에서 인생을 함께 꾸려갈 '인생의 룸메이트'이다. 룸메이트가 있어서 좋은 점은 혼자 해야 할 일을 양분할 수 있다는 것이다. 작게는 집안일부터 크게는 인생 설계까지 내 고민을 덜어주고 힘을 합해 더 좋은 인생을 만들어가는 단짝, 그것이 20년 뒤의 여성이 바라는 배우자인 것이다.

당신은 어쩌면 "그럼 내 아들을 여자(며느리) 좋으라고 키우라는 말이에요?"라고 반문할 것이다. 하지만 '혼자 해야 할 일을 나눈다'는 의미로 볼 때, 아들의 인생에도 득이 되면 됐지 해가 되지 않는다.

생각해보자. 앞으로는 여성 역시 경제적 능력이 있기 때문에 남성이 결혼 후에 가족들을 먹여 살려야 하는 상황은 오지 않는다. 남성도 혼자 떠안아야 할 일들을 함께 나누고, 보다 나은 인생을 설계할 든든한 파트너를 얻게 되는 것이 바로 미래의 결혼이다. 따라서 이제부터라도 내 아들을 여자에게 선택받을 수 있는 매력적인 배우자로 키워야 한다.

20년 뒤 여성이 배우자로 선택할 남자는?

아직도 '아들에게는 집안일을 시키고 싶지 않다'는 엄마가 있을지 모르겠다. 이제는 남자도 가사 능력이 필수인 시대이다. 더구나 여성은 '집안일을 거드는 남자'로는 부족하고, '앞장서서 집안일을 하는 남자'를 원한다. 청소, 빨래, 요리 등은 필수이고, 여기에 육아까지 능숙하게 해낸다면 더할 나위 없을 것이다.

언뜻 보기에 쉬울 것 같지만 집안일은 어느 날 갑자기 할 수 있는 일이 아니다. 오랜 시간 동안 반복해서 요령을 터득하고 습관이 돼야 한다. 그러니 가능한 한 일찍 배우게 하는 게 좋다.

혼자 살면 하기 싫어도 할 텐데 서두를 필요가 있느냐고 말하는 엄마도 있지만, 그때는 너무 늦다. 본격적인 공부가 시작되기 전, 그러니까 초등학교 저학년부터는 시작하는 게 좋다. 그렇다고 처음부터 요리나 청소, 빨래를 시키는 것은 무리이니 우선은 자기 일부터 스스로 하게 한다. 예를 들어 벗은 옷 개기, 물건 제자리에 갖다 놓기, 식사 후 자기 그릇 개수대에 가져다 놓기, 벗은 신발 신발장에 넣기, 세탁한 양말 서랍에 넣기 등이다.

아들이 더러워진 운동복을 세탁바구니에 던져 넣으며 "내일 입어야 해"라고 말하면 딱 잘라 거절하자. 어떤 운동이든 자기가 입고 사용하는 물건은 스스로 손질하고 관리하는 것이 기본이다. 기본도 못하는데 어떻게 실력 향상을 기대하겠는가.

청소도 마찬가지이다. 아들 방을 정돈하거나 청소해줄 필요가 없다. 아침에는 알아서 알람을 맞춰놓고 일어나게끔 한다. 준비물을 빠트렸다고 친절하게 학교까지 가져다주는 일도 절대 해서는 안 된다.

늦잠을 자서 지각을 하거나 준비물을 빠트려서 야단을 맞아도 괜찮다. 한번 혼이 나면 반성하고 다음부터는 그러지 않으려고 노력할 것이다.

가장 좋지 않은 태도는 입으로는 잔소리를 하면서 결국 아이가 저지른 실패의 뒷수습을 해주는 것이다. 이렇게 자란 아이는 자립은 고사하고 무슨 일이든 금방 포기하는 등 자멸의 길을 걷게 될는지 모른다. 오늘 당장 행동에 옮겨보자.

"오늘부터 엄마는 널 한 사람의 어른으로 대할 생각이야. 그러니까 앞으로 네 일은 네가 스스로 하는 거다, 알았지?"

문제는 당신이 아들의 자립을 돕는 방향으로 의식을 바꿀 수 있는지 여부에 달렸다.

"아무리 그래도 아이가 걱정이 돼서……." 이런 엄마들에게는 관심사를 바꿀 취미를 가질 것을 권한다. 나 역시 아들에게 반항기가 찾아왔다는 생각이 들면서부터 아이와 거리를 두고 취미 생활에 빠졌다. 베란다에 채소를 심거나 메추라기를 기르고 학생들과 캠프도 갔다.

아들이 '배우자로서 매력적인 남자'로 자라길 바란다면 부디 모질어지기 바란다. 엄마는 엄마대로 엄마 개인의 시간을 만끽하면 된다. 그런 엄마의 모습을 보면 아이도 '아무래도 엄마가 변한 거 같은데? 이제 내 편한 대로 할 수는 없겠구나' 하는 위기감을 느끼고 자기 일을 스스로 하게 된다. 길게 보면 평생 아이에게 얽매여 사느니 그편이 훨씬 즐겁지 않겠는가?

육아습관을 확 바꿔야 할 첫 신호

아이의 발기

나는 남자아이를 둔 부모들을 만날 때마다 아이가 열 살이 되면 육아습관을 바꿔야 한다고 말한다. 그 이유는 열 살의 남자아이 몸에 일어나는 아주 중요한 변화 때문이다. 바로 '발기'이다.

여성인 당신은 생소하겠지만 발기는 아이가 어른이 되기 위해 겪는 당연하고도 중요한 과정이다. 여자아이가 초경을 하는 것과 마찬가지로 발기는 남자아이가 남자로 성장하고 있다는 소중한 증거이다.

남자아이의 첫 사정을 '정통(精通)'이라고 하는데 보통 초등학교 3~4학년 즉, 열 살 무렵이면 정통을 경험한다. 아이마다 차이는 있지만 이전까지 양육태도를 바꾸지 못했던 엄마라도 아이가 발기를 시작하면 지금까지의 모자관계에 변화를 주어야 한다.

이때 반드시 기억해야 할 것은 발기는 엄마가 아무리 안달복달해도 개입할 수 없는 남자아이만의 영역이라는 사실이다. 공부나 일상생활은 엄마가 관리할 수 있다고 쳐도 발기는 엄마가 막을 수도 없고 막아서도 안 된다. 이런 현실을 받아들이자. 아이는 '난 이제 더 이상 어린애가 아니야. 간섭하지 말아줘'라며 신체적 변화로 호소하고 있는 것이다.

엄마는 모르겠지만 이 시기에는 이미 자위를 경험한 아이도 많고, 부모 몰래 음란 사이트를 들여다보는 것도 다반사다. 이맘때 남자아이들의 머릿속은 온통 야한 상상으로 가득하다. 내가 만났던 엄마들 중 상당수가 '내 아들이 뜻밖에 성에 대한 지식이 풍부하다'는 것에 놀라움을 금치 못했다.

하지만 이 역시 지극히 정상적인 발달과정이다. 여자인 엄마에게는 생소하지만, 이 시기 아이는 자신도 주체할 수 없을 만큼 강한 성욕 때문에 고민한다. 하지만 욕구를 해소할 방법도 없고 여건도 되지 않으니, 인터넷 성인 사이트를 찾아보거나 또래 친구들과 정보를 공유하며 성욕을 해소한다.

하지만 엄마는 아이 방에서 외설스러운 그림을 발견하거나 컴퓨터에서 음란 사이트에 접속한 흔적이라도 발견하면 아들에게 문제가 있다고 생각하고 소동을 일으킨다. 그렇게 되면 아이는 자신의 욕구가 건전한 발달과정이라는 인식은 하지 못한 채 죄책감을 느끼게 된다.

발기가 시작된 아들을 어릴 때와 똑같이 대하는 것은 이치에 맞지 않는다. 아이 스스로 자신의 욕구를 잘 다스리게 하려면 억지로 캐묻거나 감시하는 눈길을 보내선 안 된다. 보고도 못 본 척 넘어가줄 필요도 있고, 엄마와 아이 모두 이 현상을 자연스럽게 받아들일 수 있도록 개방적인 마음을 갖출 필요도 있다.

요새 학교에서는 교과 과정 중에 성교육이 들어가 있지만 그 시간을 통해 호기심 많은 아이의 욕구를 제대로 충족시키기는 어렵다. 또, 성이란 아이들에게도 민감한 부분이어서 궁금한 것이 있다고 해도 어디 가서 선뜻 묻기도 어렵다.

지금의 부모들은 성교육에 대한 기본지식이 있긴 하지만, 열린 성교육을 받고 자란 세대는 아니다. 아이들의 성 문제에 대해 보고 들은 게 많다 보니 지식은 많지만, 정작 내 아들에게 실제로 교육한다고 하면 어색해하고 버거워한다.

그래서 나는 부모가 먼저 어른 대상의 성교육 프로그램에 참석해보는 것도 방법이라고 생각한다. 이를 통해 부모가 먼저 성교육에 대한 부담감을 떨쳐야만 실생활에서 자연스럽게 아이와 대화할 수 있다.

이때는 무엇보다 아버지의 역할이 중요하다. 이미 소년기를 겪어본 아버지는 자신의 경험에 비추어 아들과 허심탄회하게 대화할 수 있다. 물론 이렇게 되려면 먼저 부부 사이가 좋아야 한다. 평소에 대화가 많은 부부라면 발기나 자위 등 민감한 문제를 두고 서로 의견을 나누는 것이 한결 수월할 테니 말이다.

슬플 때 울거나 화가 날 때 화를 내는 것은 남자아이나 여자아이나 당연하다.

남자아이도 자신의 일을 누군가에게 이야기하고 싶어 하고

때로는 위로받기를 원한다.

하지만 동양적 가치관은 아들에게 '남자다움'을 강요한다.

그 결과 아이는 솔직한 자기 감정을 숨기는 성향을 보이고 만다.

이제부터라도 "남자니까 참아야 해", "남자니까 씩씩해야 해"라는

말을 함부로 쓰지 말자.

남자아이 특유의 기를 잘 살려주려면 오히려 감정에 솔직한 아이로 키워야 한다.

제 2 장

열 살 전 아들을
소리치지 않고
가르치는 방법

대범하고
느긋한 엄마가 되자

아들의 반항은 훗날 자립하기 위해 꼭 필요한 성장 과정이다. 부모에게 맞서면서 자신의 존재를 객관적으로 바라보게 되고 마침내 자립을 이루는 과정은 어떤 면에서 이상적인 성장스토리이다.

그래도 가능하면 너무 속 끓일 일 없이 아이의 반항기가 무난하게 지나가길 바라는 게 부모의 마음이다. 과연 아이를 어떻게 대해야 반항기를 순조롭게 극복할 수 있을까?

반항기를 악화시키는 엄마들의 특징

내 경험으로 미루어 볼 때 반항기를 악화시키는 엄마들에게는 한결같은 특징이 있다. 걱정이 많고 참견을 잘한다는 점이다. 이런 엄마들은 대개 요리, 세탁, 청소 등의 집안일을 완벽하게 해내면서 학원에 아이를 데려가고 데려오는 일도 거르지 않는다. 또한 모든 일상이 아이를 중심으로 돌아가기 때문에 아들을 보살피는 일이 삶의 유일한 낙이다. 아이가 학교에서 어떻게 보내는지 궁금한 마음을 억누를 수 없다 보니 아이가 현관문을 열고 가방을 내려놓기 무섭게 "오늘은 어땠니? 왜 이렇게 피곤해 보여? 학교에서 무슨 일 있었어?"라며 꼬치꼬치 캐묻는다.

'학교에서 돌아온 아이에게 그 정도도 못 물어보나?'

이런 생각이 든다면 자신의 학창시절을 떠올려보자. 하교 후 집에 들어서는 순간 속사포처럼 쏟아지는 엄마의 물음에 어떤 마음이 들었는가?

하루 종일 온갖 일을 겪고 집에 돌아온 아이는 이미 머릿속이 포화상태다. 가정은 그런 아이가 학교에서 짊어지고 온 '무거운 짐'을 내려놓는 곳이다. 그런데 '후유' 하고 한숨 놓으려는 찰나 엄마가 기다렸다는 듯 질문공세를 퍼부으니 아이는 화가 날 수밖에 없다. "몰라요!" 이 한 마디만 남긴 채 제 방으로 직행하는 것도 당연하지 않을까?

문제는 여기에서 그치지 않는다. 걱정 많고 참견 잘하는 엄마들은 아이가 방에서 공부할 때도 가만두질 않는다. 아이 방을 수시로 드나들며 "공부는 잘 되니?", "국어가 약하니까 수학보다 국어를 집중적으로 하는 편이 낫지 않아?", "글씨가 그게 뭐야, 찬찬히 다시 써봐" 하고 시시콜콜 참견한다. 아이가 대답하지 않으면 더 끈질기게 말을 걸고 어쩌다 말대꾸라도 하면 "다 널 위해서 하는 말이야"라며 집중포화를 퍼붓기 일쑤다.

아이 입장에서 생각하라

재미있는 사실은 "반항하는 아들 때문에 마음고생이 이만저만이 아니에요"라며 하소연하는 엄마일수록 '잔소리 공격'도 거세다는 점이다. 엄마는 아들 때문에 마음고생이라지만 잔소리를 들어야 하는 아이 입장은 어떨까?

내가 맡았던 아이 중에는 이렇게 호소하는 아이도 있었다.

"우리 엄마는 내가 공부만 하면 옆에 와서 이러니저러니 참견을 하는 통에 너무 시끄러워요. 아무리 말해도 못 알아듣는다니까요. 선생님이 조용히 좀 하라고 말해주시면 안 돼요?"

지금껏 얼마나 많은 아이들에게 이런 이야기를 들었는지 모른다. 아이들은 엄마의 잔소리를 끔찍이 싫어한다. 엄마가 생각하는 것보다 훨씬 말이다.

다소 극단적인 예로 나와 상담한 한 엄마는 아이가 책상에 앉으면 옆에 딱 붙어서 교과서나 필기도구를 준비해주곤 했다. 아이가 모르는 것이 있으면 옆에서 답을 가르쳐주는 것은 물론, 아이를 대신해 숙제로 준비해야 할 학습 자료를 일일이 정리해주기도 했다. 초등학교 저학년이라면 그나마 이해가 가지만 그 아이는 중학교 진학을 앞두고 있었다. 이렇듯 아이는 이미 자기 일은 스스로 해야 할 나이인데도 유아기 적 생활 방식을 습관적으로 되풀이하는 엄마를 많이 보아왔다.

찰싹 달라붙은 엄마에게 아이가 거부반응을 일으키는 것은 아이가 정상적으로 자라고 있다는 증거다. 만약 제 스스로 할 나이가 되어도 엄마의 간섭을 당연하게 받아들이는 아이가 있다면 오히려 그쪽이 더 걱정스러운 경우다.

'엄마가 해주는 게 당연한 거 아냐?'

'부모님이 알아서 해줄 거야.'

그렇게 믿고 자란 아이는 사회생활에 어려움이 닥치면 상사가 나쁘다거나, 사회가 문제라면서 스스로 문제를 해결하지 못하고 다른 곳에 책임을 전가하는 사람이 되기 쉽다. 만약 당신이 아이에게 뭐든 해주는 습관을 지녔다면 하루속히 버려야 한다.

엄마가 반드시 갖춰야 할 기다림의 미학

걱정 많고 참견 잘하는 엄마에게는 또 다른 문제가 있다. 쓸데없이 말을 앞서 하거나 같은 말을 반복한다는 점이다.

남자는 아이든 어른이든 무언가 하려고 할 때 지시를 받거나 같은 말을 계속 듣는 것을 질색한다. 예를 들어 텔레비전 끄고 막 공부하려던 차에 "하루 종일 텔레비전만 볼래? 숙제는 다 했어?"라는 말을 듣거나, 등교 준비를 서두르는데 "그러다 지각하겠다. 꾸물거리지 좀 말고 얼른 학교 가"라는 말을 들으면 기분이 상한다. 그런 말을 두 번 이상 들으면 아예 하고 싶은 생각이 사라진다.

워낙 걱정 많은 성격 탓에 자신도 모르게 말수가 많아지는 것이겠지만 숨을 가다듬고 아이의 행동을 가만히 살펴보면 그런 잔소리가 필요한지 아닌지 금방 알 것이다.

말하기 전에 잠시 마음을 추스르고 그 말을 꼭 해야 할지 생각해보자. 잠시 생각해보는 것만으로 잔소리가 줄고 아이와 감정이 상하는 일도 없어질 것이다.

가령 내 아이가 출전하는 야구경기를 보러 갔다고 치자. 아이는 경기 내내 고전을 면치 못하고 거푸 삼진을 당하더니 끝내 경기도 지고 말았다. 만약 당신이라면 그런 아이에게 뭐라고 말할 텐가?

"오늘은 영 신통치 않던데, 파이팅이 부족한 거 아냐? 어차피 삼진으로 끝날 거였으면 배트라도 냅다 휘둘러보지 그랬어."

아이는 이미 자신이 경기에서 졌음을 뼈저리게 느끼고 있다. 그걸 일부러 확인시켜 줄 필요가 있을까? 설령 엄마가 야구에 대해 많이 알아서 "그럴 때는 몸쪽으로 들어오는 공은 치지 말고……"라며 정확하게 문제점을 지적했다 하더라도 좋은 소리는 듣지 못할 것이다. 아이에게 야구를 가르치는 사람은 감독이나 코치지 엄마가 아니기 때문이다.

그럴 때는 "다음에는 꼭 칠 수 있어. 힘내!"라는 말 한마디면 족하다. 아이는 공을 치지 못한 속상함을 가까스로 참고 있다. 이럴 때는 아픈 상처에 소금을 뿌리는 말보다 따뜻한 위로의 말을 건네는 편이 훨씬 낫다.

참고로, 일본 탁구선수 후쿠하라 아이(福原愛)의 엄마는 매일 1,000개의 랠리 연습을 시키는 엄한 지도자로도 유명하지만 아이가 시합에 졌을 때는 아무 말 없이 "괜찮아. 다음에 더 잘할 수 있어"라는 말만 하는 것으로 귀감이 되고 있다고 한다.

작은 비밀은 덮어주는 엄마가 되자

사춘기 아이에게 필요한 것은 '간섭이 아닌 애정 어린 시선'이다. 한 발짝 떨어진 곳에서 아이의 성장을 지켜봐줄 수 있는 엄마가 아들을 위대하게 키울 수 있다.

'그러다 아이가 비밀을 만들면 어쩌지' 하는 걱정이 들지 모른다. 하지만 비밀은 '주체성'의 상징으로, 누구나가 한두 개쯤 가지고 있게 마련이다. 심리학자 카를 구스타프 융(Carl Gustav Jung)도 그의 자서전에서 어린 시절 인형이나 돌을 다락방에 감추곤 했다고 밝혔다. 인형과 돌은 그에게 자아를 상징하는 물건이었다. 그것을 들춘들 무슨 의미가 있겠는가?

물론 거짓말이나 비밀 중에는 남의 집 유리창을 깨고 도망쳤다거나 숨어서 담배를 피웠다는 등 '몰랐다'는 말로 넘기기 어려운 일도 있다. 집단따돌림도 마찬가지이다. 따돌리는 아이는 말할 것도 없고 따돌림을 받는 아이도 부모에게 사실을 숨기려는 경향이 있기 때문에 일찌감치 발견해서 손을 써야 한다. 단,

그런 심각한 일 이외에는 아들이 무엇을 하든 내버려두는 것이 좋다.

정보를 얻을 네트워크를 구축하라

아이가 신경 쓰여 안절부절못할 정도라면 친한 엄마들끼리 네트워크를 만드는 방법도 있다. 일찍이 나는 다른 저서에서 '엄마들끼리의 정보를 곧이곧대로 믿지 마라'고 말하기도 했지만 이는 학원이나 사교육에 관한 정보일 경우다. 학원이나 사교육은 아이와 궁합이 있기 때문에 다른 엄마들의 평가를 곧이들을 이유가 없지만 학교에서 일어난 일이라면 엄마들의 정보망을 충분히 활용하는 것이 좋다.

이때 의지가 되는 것이 딸을 키우는 엄마다. 기본적으로 여자아이는 엄마와 자주 이야기를 나눈다. 학교에서 있었던 일만큼 좋은 이야깃거리도 없기 때문에 딸을 키우는 엄마들은 이런저런 일들을 많이 알고 있다.

또 하나 추천하고 싶은 방법은 부지런히 학교에 드나드는 것이다. '운동회나 육성회라면 모를까, 아무 일도 없는데 학교에 가면 아이가 싫어하지 않을까?' 하는 생각이 들지도 모른다.

그렇다면 학교에 가야 할 용건을 만들면 된다. 예를 들어 학부 모회에 참가하면 각종 회의나 활동 등으로 좋든 싫든 학교에 가야 한다. 그 김에 아이의 학교생활도 볼 수 있고 종종 담임선생님도 만나 이야기를 들을 수 있다. 내성적인 성격의 엄마라면 자연스럽게 다른 학부모들과 친해질 계기를 마련할 수도 있다.

다만 아이 앞에서 정보력을 과시하는 것은 금물이다. 심지어 형사라도 된 양 여기저기서 들은 이야기를 앞세워 아이를 추궁하는 행동은 절대 해서는 안 된다.

남자아이의 특성을 이해하고 존중해주면 아이의 넘쳐나는 에너지가 장점이 되지만, 그러지 못하고 아이를 추궁하거나 일일이 간섭하려고 들면 아들은 통제불능의 골칫덩어리가 되고 만다. 아이의 문제 행동에 집중하지 말고, 아들 교육의 노하우를 먼저 배우자. 엄마의 태도가 아들의 미래를 결정한다는 것을 명심하면서 말이다.

아들을
크게 키우는 대화법은
따로 있다

아들을 키우는 엄마가 유념해야 할 것 중 하나가 아들과 딸의 대화법은 다르다는 것이다. 아들과 대화할 때 가장 중요한 원칙은 아이의 말을 잘 들어주는 것이다.

단단히 벽을 쌓고 있지만 실은 아이도 부모에게 하고 싶은 이야기가 많다. 억지로 이야기를 끄집어내려고 하면 금세 입을 꾹 닫아버릴 수 있으니 자연스럽게 입을 열도록 만들어야 한다. 아이가 입을 열면 아들 걱정에 한시도 마음 편할 날 없던 엄마도 굳이 아이 주변을 탐색하느라 애쓰지 않아도 된다.

아이 말을 잘 들어주는 엄마가 되기 위한 첫 번째 포인트는 말을 건네는 타이밍이다. 앞에서도 이야기했지만 아이가 학교나 학원에서 돌아오자마자 묻고 싶은 말을 먼저 쏟아내는 것은 좋지 않다. 하물며 현관 앞에 떡 버티고 서서 다짜고짜 아이를 혼내는 행동은 최악이다.

아이가 집에 돌아오면 일단 "어서 오렴"이라는 말과 함께 웃는 얼굴로 아이를 맞이하자. 이야기를 나누는 것은 아이가 옷을 갈아입고 한숨 돌린 후에 해도 늦지 않다.

적당한 때를 모르겠거든 료칸(旅館, 일본의 전통 숙박업소)의 종업원을 떠올려보라. 료칸의 종업원은 투숙객이 숙소에 도착하기까지 어떤 시간을 보냈는지 알지 못한다. 즐거운 가족여행이라면 좋겠지만 더러는 '사연 있는' 손님들도 있게 마련이다. 그래서 종업원은 공연한 이야기를 삼가고 손님이 편안하게 쉴 수 있도록 극진히 대접한다. 따뜻한 차 한 잔에 다과를 곁들여 "피곤하셨을 테니 차 한 잔 드세요"라고 건네고는 자리를 피해준다. 엄마와 아들 간에도 다르지 않다. 고단한 학교에서의 하루를 마치고 돌아온 아들의 입을 열게 하는 건 휴식이다.

한창 식욕이 왕성할 무렵의 아들이 빈속으로 집에 오면 "케이 크 사 왔는데 같이 먹을래?" 하며 음식으로 아이의 마음을 여는 것도 한 방법이다. 사람이라면 누구나 맛있는 음식을 먹었을 때 기분이 좋아진다. 기분이 조금 누그러졌을 때 말을 붙이면 평소 말을 듣지 않는 아이라도 이야기하고 싶은 마음이 들 것이다.

비슷한 맥락에서 식사 뒤에 달콤한 후식을 준비해놓고 대화를 유도하거나 휴일에 외식을 하면서 이야기를 나누는 것도 효과적이다. 다만 엄마가 하고 싶은 말만 한다든지 아이에게 질문만 잔뜩 퍼부었다가는 이제까지의 노력이 허사가 될 수 있으니 주의하자. 하고 싶은 말, 듣고 싶은 이야기가 있어도 꾹 참고 어디까지나 아이의 이야기에 귀를 기울이며 대화를 이어나가는 것이 요령이다.

또 하나의 팁은 인터뷰를 진행하듯 대화를 이끄는 것이다. 잡지나 텔레비전 인터뷰에는 듣는 사람과 말하는 사람의 위치가 분명하게 구분된다. 듣는 사람은 말 그대로 듣는 역할에 충실하면서도 상대의 흥미를 유발하고 재미있는 이야기를 끄집어내기 위해 온 힘을 쏟는다. 성장기의 아들과 대화를 나눌 때는 이처럼 인터뷰어와 같은 자세가 필요하다.

자, 이제 구체적으로 다음의 다섯 가지 사항을 기억하여 아들과 대화를 시도해보자.

1. 일상적인 화두를 던진다

인터뷰를 할 때 다짜고짜 민감한 질문부터 던지는 일은 없다. 몸
풀기 수준의 적당한 화제를 던진 뒤 본론에 들어가는 것이 일반
적이다.

일상적인 화두로 대화를 시작하면 상대방도 긴장이 풀리게
마련이다. 이때 미리 견제구를 살짝 던져 심기가 불편하지는 않
은지, 앞으로 이어갈 대화에 어떤 반응을 보일지 등도 알 수 있
다. 가정에서는 그날의 날씨나 뉴스거리 등으로 운을 떼는 것이
무난하다. "오늘은 꽤 더웠지?"라는 질문에 "저 좀 내버려두세
요"라며 말대꾸할 아이는 없다.

2. 아이가 하고 싶어 하는 이야기에 귀를 기울이자

듣는 사람이 제 의견만 늘어놓으면 인터뷰는 성립하지 않는다.
또 상대방의 의견은 무시하고 자기가 듣고 싶은 것만 묻는다면
결국 흥미로운 이야기는 끌어내지 못한다.

엄마와 아들 간의 대화도 마찬가지이다. 아이가 하고 싶어 하
는 이야기를 묻고 아이가 하는 말 한마디 한마디에 귀를 기울이
며 대화를 이끌어나가는 것이 철칙이다. 그러다 보면 대화도 부

드럽게 이어지고 뜻밖의 사실을 알게 된다거나 평소 아이가 생각하는 것까지 들을 수 있다.

3. 어떤 말에도 적극적으로 반응하라

대화는 캐치볼 같다. 반응이 돌아오지 않으면 모처럼 이야기하려던 기분도 싹 달아난다. 아이와 대화할 때 적극적인 반응을 보이자. 남자아이는 다 커서도 엉뚱한 생각을 곧잘 한다. 그러다보니 나오는 이야기도 맥락이 없거나 앞뒤가 맞지 않기 일쑤다. 당황스럽겠지만 그런 이야기도 재미있게 들어준다면 아이의 말수도 점점 늘 것이다.

4. 중간에 말을 끊지 말자

말허리를 끊는 것은 인터뷰의 금기사항이다. 아들과 대화할 때에도 중간에 "왜 그런 짓을 한 거야?", "그러면 안 된다고 했잖아" 하고 나무라는 것은 금물이다. 일단 아이가 하는 말을 끝까지 듣자. 나중에 꾸짖더라도 그 자리에서는 그냥 넘어가야 한다. 꾸중부터 듣게 되면 아이는 그대로 입을 굳게 다물어버린다.

5. 하고 싶은 말, 듣고 싶은 이야기는 뒤로 미루자

아이에게 꼭 하고 싶은 말, 듣고 싶은 이야기가 있더라도 그 사안에 대해서는 최대한 미루는 것이 좋다. 엄마에게는 필요하지만 아이에게 불편한 이야기를 먼저 말해버리면 아이는 그대로 귀를 막을 것이다. 우선 아이가 하고 싶은 이야기를 하게 놔두고 입과 귀가 완전히 열렸을 때 '그건 그렇고……' 하면서 이야기를 꺼내면 된다.

이때부터는 요령이 필요한데, 아이를 훈계할 경우 요점만 간략하게 말해야 한다. 장황하게 설교해봤자 듣지도 않을 뿐더러 효과도 없다. 진로문제처럼 아이의 의견을 듣고 함께 의논하고 싶은 내용이라면 "엄마가 하고 싶은 이야기가 있는데, 언제쯤 시간이 괜찮겠니?" 하고 아이와 미리 약속을 잡는 것도 방법이다.

부모-자식 간에 굳이 약속까지 잡고 이야기를 할 필요가 있냐고 생각하는 엄마도 있겠지만 남자는 절차에 약한 법이다. 함께 약속을 잡으면 '이건 피할 수 없겠다'고 단념하고 대화에 응할 것이다. 이때에도 부모만 일방적으로 이야기할 것이 아니라 아이가 자기 생각을 자유롭게 말할 수 있는 분위기를 만드는 것이 중요하다.

진로문제에 대한 대화를 예로 들면, 아이가 가고 싶은 학교와 부모가 보내고 싶은 학교가 다를 때가 있다. 이때는 먼저 아이가 왜 그 학교에 가고 싶은지를 듣는다. 그런 다음 부모의 의견을 말하고 함께 타협점을 모색한다.

이렇듯 부모가 들어줄 자세가 되어 있다면 아이도 부모 말에 귀를 기울일 것이다.

공동생활의 기본을 지키게 하라

한창 엄마 말에 반기를 든다 하더라도 아이는 아이이다. 그래서 엄마로서 가르쳐야 할 것이 많다. 그중 하나가 가정도 공동생활의 장이라는 자각을 심어주는 것이다. 가령 친구와 자취를 할 때에는 거실, 주방, 욕실, 화장실 등의 공용공간은 서로 신경 써서 사용한다. 휴지를 함부로 버리지 않고 더럽게 쓰면 각자 깨끗이 치우는 등의 암묵적인 규칙이 있다.

가족도 마찬가지이다. 아이, 어른 할 것 없이 가족이라면 모두 가정이라는 틀 안에서 함께 지내는 공동생활자인 것이다. 그런데 가족은 혈연관계로 맺어진 만큼 서로에게 기대고 또 그 기대에 부응하는 것이 일반적이다.

특히 엄마는 아들에게 한없이 관대한 면이 있다. 그러다보니 아들은 식사 후에 그릇을 그대로 둔 채 자리를 뜨거나, 양말을 거실에 떡하니 벗어놓거나, 화장실을 지저분하게 쓰고도 그것이 잘못 됐다는 생각을 하지 못한다. 기숙사나 하숙집이었으면 쫓겨나도 할 말이 없을 상황인데 집에서는 "잘 좀 하지 못해!" 하고 한 소리 듣는 것으로 끝이다. 화를 내면서도 결국 엄마가 뒤치다꺼리를 다 한다.

아들 입장에서는 귀찮은 일은 엄마가 다 해주고 자기 하고 싶은 대로 할 수 있으니 이보다 더 편한 환경이 없다. 하지만 이런 생활을 계속한다면 어른으로 자립할 수 있을 리 없다.

앞서 나는 '훗날 결혼할 수 있는 남자로 키우기 위해 엄마의 생각을 바꾸자'고 말했다. 그 변화의 첫걸음이 아들에게 공동생활자로서의 자각을 심어주는 일이다. 아들에게 가정도 공동생활의 장이라는 점을 이해시키고 규칙을 철저히 지키도록 해야 한다. 이것은 아이의 미래를 좌우한다고 해도 과언이 아닐 만큼 중요한 교육이다.

공용공간을 주지시키자

동양과 서양의 육아법에는 몇 가지 큰 차이가 있는데, 그중 가장 확연한 차이가 공용공간에 대한 의식이다.

서양에서는 어릴 때부터 아이 방을 따로 만들어주고(공간이 여유치 않다면 침대만이라도 확실하게 마련한다) 아무리 울고 보채도 잠은 꼭 자기 방에서 재운다. 거실에서 보낼 수 있는 시간과 자기 방에 있어야 할 시간이 분명하기 때문에 아이는 아주 어릴 때부터 공용공간과 개인공간의 차이를 자연스럽게 이해한다.

반면 동양에서는 개인공간과 가족 모두가 쓰는 공용공간을 명확하게 구별하지 않는다. 그런 사고는 강한 모성에 기반한 동양 특유의 관습과 주거 환경과도 관계가 있다. 그래서 아이가 어릴 때는 부모와 아이가 함께 자다가 초등학교에 들어가서야 처음 방을 만들어주는 것이 일반적이다.

이런 환경 속에 자란 아이는 거실이나 주방이 '가정'이라는 공간에 있고, 특별한 제재가 없는 한 자유롭게 사용하기 때문에 자기 방과 다름없이 여긴다. 공용공간과 개인공간의 구분이 모호하다보니 자기 물건을 아무 곳에나 두거나 제멋대로 어지럽히기 일쑤다.

정서적 유대감을 확고히 한다는 점에서 가족이 함께 자는 습관이 결코 나쁜 것은 아니지만 아이는 공용공간에 대한 의식이 부족할 수밖에 없다. 어릴 때는 별 의식 없이 지냈다 하더라도 대화가 가능해지면 공용공간을 사용할 때에는 다른 가족에 대한 배려가 필요하다는 것을 주지시켜야 한다.

말로만 타이르지 말고 규칙을 세워라

이런 이야기는 엄마들에게 그리 새롭지 않을 것이다. 엄마 대부분은 여기에 대해 알고도 있고 가르치고도 있는데 아이가 말을 듣지 않는다고 말한다. 아이가 말을 듣지 않는 이유는 간단하다. 엄마가 일상적으로 하는 수많은 잔소리 중 하나로 여기기 때문이다. 다른 것도 마찬가지이지만 공용공간을 사용하는 법을 가르칠 때에는 말로만 해서는 효과가 없다. 장소에 맞는 규칙을 정확하게 제시하고 이를 어겼을 시의 불이익을 감수하게 해야 한다. 예를 들면 다음과 같다.

① 거실에는 책이나 필기도구 등의 개인 소지품을 두지 않는다. 만일 가져왔으면 반드시 자기 방으로 가져간다.

② 식탁은 마음껏 사용해도 좋다. 다만 식사를 마친 후에는 식기를 싱크대에 가져다 놓는다. 빵 부스러기 등을 흘렸다면 깨끗

이 닦는다.

③ 욕실이나 세면대를 사용했으면 비누나 수건을 제자리에 놓는 등 주변을 정리한다.

④ 화장실을 지저분하게 사용했다면 깨끗이 청소한다.

단, 이런 규칙을 아이에게만 강조해서는 안 된다. 특히 남편의 협조가 필요한데, 아이의 교육을 위해서라도 가족 모두가 이 같은 규칙을 제대로 지켜나가야 한다. 또한 규칙을 어겼을 때에는 일정한 제재가 따라야 한다.

이 규칙이 제대로 정립되면 무엇보다 엄마에게 좋다. 지저분한 탁자나 세면대를 보고 "어지르는 사람, 치우는 사람이 따로 있다니까"라며 분통을 터뜨릴 일도 없어질 테니 말이다.

가정에서 이런 교육을 받은 아이는 학교에서도 남을 배려하고 한데 어울려 생활하는 데 큰 어려움이 없다. 도로나 공원에 함부로 휴지를 버리지 않을 것이고, 학교에서 누가 가르쳐주지 않아도 공용화장실을 깨끗하게 사용할 것이다. 그렇게 자란 아이가 리더로 성공하는 데 더 유리하다는 것은 말할 나위도 없다.

집 안 일 잘 하 는 아 들 이 공 부 도 잘 한 다
요리, 청소, 설거지를 통한 학습 효과

공용공간을 사용하는 규칙을 익힌 아이들은 집안일도 잘하게
된다. 공용공간에서 해야 할 일 대부분이 가사 노동의 범주 안에
들기 때문이다. 재미있는 사실은 집안일을 하면 할수록 공부에
요령이 생긴다는 것이다.

집안일을 해 본 사람은 반복되는 가사 노동이 결코 쉽지 않다
는 것을 안다. 더구나 텔레비전을 보고 싶은 아이에게 식탁 정리
나 세면대 청소를 하는 것은 고통스러운 일이다. 그래서 집안일
을 하는 아이는 어떻게든 빨리 끝내고 내가 하고 싶은 일을 해
야겠다고 마음먹는다. 그러면서 나름대로 빨리 끝낼 수 있는 방
법을 찾는다. 이렇게 '빠른 시간 내에 하기 싫은 일을 해치우는
요령'은 학교 숙제나 시험공부를 할 때 진가를 발휘한다.

이를테면 그릇을 빨리 정리하려고 터득한 그릇 분류법은 많은 영어 단어를 배울 때 도움이 된다. 비슷한 단어끼리 묶어 외운다거나 한 어원에서 파생한 단어를 한꺼번에 외우는 식이다. 집안일을 하는 범위가 한층 넓어져 요리까지 할 줄 알게 되면 아이의 학습 능력은 더욱 향상된다.

익히 알려진 대로 아이에게 요리만큼 많은 체험을 할 수 있는 집안일은 없다. 하다못해 간을 할 때에도 양념을 넣는 순서가 있고, 조리하는 시간에 따라 음식 맛이 달라지는 것 등을 과학실험과 연결지을 수도 있다.

또한 요리에 익숙해진 아이는 '원래 간장으로 맛을 내는데, 이때 카레가루를 넣으면 어떻게 될까?' 하는 식으로 궁리를 하기 시작한다. 예상외로 맛이 좋으면 자신감을 얻어 더 좋은 방법을 찾게 되고, 설혹 실패하더라도 다른 방법을 찾아 머리를 짜낸다. 호기심과 탐구심이 저절로 생기는 것이다.

아이에게 집안일을 시켜보자. 단, 이때 역시 엄마의 태도가 중요하다. 도와줘서 고맙다는 인사는 물론, 아이가 한 일이 어설프더라도 "정말 대단해. 엄마는 네 나이 때 전혀 못했는데" 하며 칭찬을 아끼지 말아야 한다. 아이는 엄마의 칭찬 한 마디에 더 잘하려는 노력을 보일 것이다.

부모 말을
순순히 듣지 않는
아들 대처법

딸들은 대부분 할 일이 있으면 부모가 시키기 전에 척척 알아서 한다. 남의 눈을 많이 의식해서인지 큰 문제가 생기지 않는 일이라도 일단은 끝을 낸다. "끝내놓지 않으면 왠지 불안하고 찜찜해서요." 이렇게 말하는 것이 딸들의 보편적인 특징이다.

하지만 아들은 안 하면 불안하거나 찜찜하다고 말하는 경우가 거의 없다. 엄마가 시키기 전에는 자기가 무엇을 해야 하는지

조차 모르는 경우가 다반사고, 할 일은 제쳐두고 엉뚱한 행동을 예사로 저지른다. 해야 할 일은 하지 않고, 하지 말아야 할 일만 골라 하는 것이다. 그러다 보니 아들을 키우는 엄마들은 "빨리 안 할래?"와 "그건 왜 하니?"라는 말을 입에 달고 산다.

앞서 이야기했지만 남자아이들은 엄마의 말이라면 무조건 잔소리로 받아들이기 때문에 훈육을 위해 하는 말도 무시하기 십상이다. 한번 했던 말을 지겹도록 반복해야 겨우 하는 시늉을 한다. 이렇듯 말을 듣지 않는 아들에게는 어떻게 대처해야 할까?

화를 내지 말고 차갑게 대하라

나는 도무지 말을 안 듣는 아들에게는 화를 내지 말라고 조언한다. '눈에는 눈, 이에는 이' 작전으로 평소와 달리 차갑게 대해보라는 것이다.

단, 아이를 완전히 무시하면 상처가 될 수 있으므로 시큰둥하게 보이는 것이 요령이다. 한 걸음 물러서 있다가 아이가 말을 걸면 못 들은 척하는 것이 아니라 웃음기 없는 딱딱한 표정, 냉담한 어조로 최소한의 말만 한다.

"엄마가 이거 하라고 했잖아!" 하고 한마디 쏘아주고 싶겠지만 일단 꾹 참고 아무 말도 하지 말아보자.

한 가지 유념할 것은 아이가 이를 잘못 받아들여 '어라? 엄마가 아무 말도 안 하네. 잘됐다' 하고 안심할 수 있다는 것이다. 입을 다물되 어딘지 모르게 엄마가 냉정해졌다는 걸 눈치채도록 해야 한다.

아이를 건성으로 대하면서 다른 일에 몰입하는 척해보자. 아이는 '왠지 분위기가 이상한데?' 하고 의아하게 생각할 것이다. 아이에게 의아하다는 생각이 들게 하는 것, 이것이 포인트다.

남자는 무슨 일이든 이치를 따지고 드는 습성이 있다. 엄마의 태도 변화에 내심 당황한 아이는 열심히 이유를 찾는다. 그러다 엄마의 냉담한 반응이 자기 탓인 줄 알면 다소나마 태도를 누그러뜨린다. 그래도 엄마가 계속 자기를 무시하는 것 같으면 '아무래도 엄마가 정말 화가 난 것 같다'→'내가 정말 야단맞을 짓을 했나?'→'어서 숙제를 해야겠군'으로 생각이 발전한다.

이처럼 아이 스스로 깨닫게 하는 것이 중요하다. 말로 설득하는 것이 가장 좋겠지만 아무리 말을 해도 달라지지 않거나 엄마 말을 무시한다면 이런 식으로 평소와 달리 차갑게 대하는 것도 좋은 전략이 될 수 있다.

마지막 보루, 충격요법

초등학생 남자아이들은 그냥 말을 듣지 않는 것을 넘어서서 "시끄러워", "꺼져", "재수 없어" 등 폭언을 서슴지 않는 경우도 종종 있다. 자녀교육서들을 보면 '언어폭력은 단호하고 엄하게 꾸짖어야 한다'는 말이 자못 설득력 있게 나와 있지만, 내가 볼 때는 이런 현상은 어느 단계가 지나가면 자연스럽게 사라진다. 엄마 입장에서는 걱정이 되겠지만 이 시기 남자아이들의 '입버릇' 정도로만 여기고 무시하기 바란다.

그래도 정 안 되겠다 싶으면 이런 방법도 있다. 아이와 감정적으로 맞서는 것이다. 감정적인 대응은 어떤 면에서 여성의 특성을 활용한 전략이라고 할 수 있다. 황당하게 들릴지 모르겠지만, 다루기 힘들거나 엄마와 대립이 심한 아이일수록 이 방법이 의외로 효과가 있다.

남자는 천성적으로 여자의 분노와 눈물에 약하다. 특히 모자 관계는 그 어떤 관계보다 밀접하기 때문에 엄마에게 감정적으로 공격당한 아들은 전에 없이 당혹감에 빠진다. 엄마가 "난 널 이렇게 키운 적 없다"며 눈물을 흘리거나, 늘 하던 집안일을 제쳐놓기라도 하면 아이는 더 이상 엄마와 맞설 생각을 하지 못한다. 그러다 집안 분위기라도 안 좋아졌다 싶으면 '두 번 다시 이런 상황을 맞고 싶지 않다'고 생각할 것이다.

단, 이 방법은 너무 자주 반복해서는 안 된다. 자칫 잘못하면 잘못을 깨닫기는커녕 히스테리로만 받아들일 수 있기 때문이다. 감정적 대응은 마지막 보루로 사용해야 한다.

이 순간을 성장의 계기로 삼자

초등학교에 다니는 남자아이 중에는 더러 언어폭력뿐 아니라 물건을 던지거나 주먹으로 벽을 내리쳐 구멍을 뚫어놓는 아이도 있다. 아이의 언행이 지나치게 폭력적이라면 먼저 성장 환경을 찬찬히 살필 필요가 있다. 엄마를 비롯한 가족들에 대해 기본적인 신뢰가 깨졌거나, 학교에서 수치심을 느낄 만한 일을 겪었거나, 공부나 운동 등 여러 활동을 하면서 좌절감을 느끼는 등 아이 스스로 감당하기 벅찬 어려움이 있을 때 이것이 과격한 폭력의 형태로 나타난다.

엄마라면 이런 아들을 대할 때 당연히 안절부절못할 것이다. 하지만 나는 아주 병적인 경우를 제외하고는 이렇게 위태로운 행동 역시 남자로 자라는 정상적인 성장 범주에 속한다고 생각한다.

많은 사람들이 살면서 겪게 되는 어려움이나 고난 등을 아들들도 겪는다. 엄마 눈에는 '아직 어린데 무슨 고민이 있겠어' 싶겠지만 아이에게도 우정, 사랑, 공부, 장래의 일 등 어른 못지않은 고민과 갈등이 있다. 친구에게 상처를 받고 돌아오는 날도 있을 것이고, 마음먹은 일이 뜻대로 되지 않아 좌절하는 날도 있을 것이다. 고민은 많은데 해결책을 찾지 못하다보니 집에서도 다툼이 잦아진다.

하지만 그런 과정을 통해 상처받고 응어리진 마음을 스스로 해소하는 방법을 터득하면 신체 성장만큼이나 중요한 마음의 성장이 찾아온다. 스스로 자신을 통제하고 절제하는 것을 '자율'이라고 하는데 요즘 아이들에게는 그런 자율정신이 부족하다. 어려움을 겪는 아이를 끝까지 지켜봐주지 못하고 부모가 먼저 나서 이런저런 지시를 하거나 해결책을 내놓기 때문이다.

물건을 부수고 때리는 아이를 보면 속이 타겠지만 자해를 한다든지 등의 심한 공격성이나 타인에게 해를 끼치지 않는 한 조용히 지켜봐주자. 비온 뒤에 땅이 더 굳어지는 것처럼, 아이 마음도 갈등과 시련을 겪으며 성장하게 마련이다.

남자아이
특유의 기를
살려 주자

오랫동안 나는 백양백색의 아이들을 가르쳐왔다. 워낙에 개성들이 강하다보니 이제는 어떤 아이를 대하든 어지간하면 큰 어려움 없이 소통하는 노하우를 갖추게 되었다. 하지만 그런 나조차 당황하게 하는 아이들이 있다. 그 아이들은 극성맞거나 폭력적인 아이가 아니라 오히려 말을 하지 않는 아이들이다.

남자아이 대부분은 감당이 안 될 만큼 활동적이고 산만한 성향을 보인다. 그런데 요새 들어서는 여자아이보다도 수줍음이 많고 소심한 아이들이 많아졌다. 어떤 질문을 던져도 우물쭈물 대답을 못하거나 자기가 원하는 바를 소신 있게 밝히지 못한다. 학교에 다닐 나이인데도 엄마 뒤에 숨어 인사조차 제대로 못하는 아이도 간혹 있는데, 최근에 내가 만난 한 아이가 그랬다. 그 아이는 내게만 그런 것이 아니라 친구들과도 거의 이야기를 하지 않았고, 수업 중에 질문을 해도 반응이 없었다. 최소한 고개를 끄덕인다거나 표정 변화라도 있어야 하는데 어떤 말을 해도 전혀 미동이 없어 수업도 진행할 수 없었다. 처음에는 질문의 뜻을 이해하지 못하나 싶었는데 노트를 보니 수업 내용은 제대로 쓰여 있었다. 찬찬히 지켜본 결과 아이는 누가 무슨 말을 해도 반응을 보이지 않는 습관이 몸에 밴 듯했다.

마음의 문을 닫고 안으로 숨는 아이들

나는 남자아이들 가운데 이렇듯 말이 없고 얌전한 아이들이 더 위험하다고 생각한다. 엄마는 그저 "우리 애는 원래 말이 없어요", "다른 남자아이들과 다르게 얌전하고 차분해요" 하며 대수롭지 않게 넘기지만 이런 아이들 중 상당수가 자기 감정을 숨기는 데 익숙하다.

이런 아이들의 마음을 들여다보면 엄마나 선생님 등 주변 어른들로부터 느끼는 압박이 크다. 때로는 화도 내고 울며 떼를 쓰기도 하면서 속마음을 전해야 하는데 스스로 감정을 숨기다 보니 정서적으로 한 단계 더 성장할 수 있는 기회를 놓치게 된다.

여기에는 남자아이의 타고난 본성을 제대로 키워주지 못하는 공교육 탓도 크지만 가장 큰 원인은 엄마에게 있다. 이 아이들의 공통점은 하나같이 세심하고 주의 깊은 성격의 엄마를 두었다는 것이다. 컵을 내밀면 물을 따라주고 밥공기를 내밀면 밥을 담아주는 등 아들이 입을 채 열기도 전에 원하는 것을 알아차리고 해결해주었을 것이다. 그런 엄마들은 누군가를 보살피고 싶어 하는 여성적 특성이 유독 강한 타입이다.

앞서 예로 든 아이의 경우 자세한 사정을 들어보니 아이가 엄마에게 학교에서 있었던 일을 이야기하려고 하면 "○○네 엄마한테 다 들었어"라며 선수를 치거나 "그런 쓸데없는 이야기는 그만 하고"라며 말을 끊었다고 한다. 그러니 대화 능력을 키우지 못한 것이다.

남자아이는 대개 엉뚱한 일을 꾸미기를 좋아하고, 좋은 생각이라도 떠오르면 누군가에게 이야기하고 행동에 옮기지 않고는 못 배긴다. 그것이 앞서 말한 남자아이의 힘, 이른바 '고추의 힘'

이다. 하지만 엄마의 눈치 빠른 행동은 '고추의 힘'을 억누르고 만다. 어디 그뿐이랴. 그런 엄마는 아들로 하여금 인간적인 매력마저 잃게 만든다.

당연히 나는 물어본 말에 대답을 하지 않는 아이의 태도를 호락호락 넘길 생각이 없었다. 수업 중에는 물론이고 수업을 마친후에도 말을 걸었고 대답할 때까지 느긋하게 기다리기로 했다. 그러자 시간이 꽤 흐른 뒤에는 아이도 대화의 즐거움을 알았는지 한결 좋아진 모습으로 사람들과 농담도 곧잘 하게 되었다.

억지로 남자다움을 강요하지 마라

내가 아들 키우는 엄마들에게 '고추의 힘'을 키워주라고 말하면 간혹 그것을 남자다움을 강요하는 말로 오해하곤 한다. 그래서 아이에게 '남자는 이래야 해!' 하며 눈물도 흘리지 못하게 하고 매사에 씩씩하기를 강요한다. 즉, 아이로 하여금 감정을 억누르게끔 하는 것이다.

슬플 때 울거나 화가 날 때 화를 내는 것은 남자아이나 여자아이나 당연하다. 남자아이도 자신의 일을 누군가에게 이야기하고 싶어 하고 때로는 위로받기를 원한다. 하지만 동양적 가치관은 아들에게 '남자다움'을 강요한다. 그 결과 아이는 감정이 생기는 데 대해 스트레스를 받은 나머지 스트레스의 원인이 되는 감정을 회피하려는 성향을 보이고 마는 것이다.

아들의 기를 살려준다는 것은 남자아이가 가진 특유의 본성, 즉 '고추의 힘'을 잘 살려주는 것이지 자기 본연의 감정을 억누르고 참게 만드는 것이 아니다. 남자아이 특유의 기를 잘 살려주려면 오히려 감정에 솔직한 아이로 키워야 한다.

"남자니까 참아야 해", "남자니까 씩씩해야 해"라는 말을 함부로 쓰지 말자. 그런 발언은 마음의 문을 닫게 할 뿐더러 아이를 가부장적이고 고지식한 남자로 만들 수 있다.

아들의 자립심을
길러주는
'심부름'과 '여행'

갑작스러운 질문이지만 '훈육'이 무엇이
라고 생각하는가? 사전에는 '품성이나 도
덕 따위를 가르쳐 기르는 것'이라고 나와 있는데, 현대 사회에서
는 '사회규범에 어긋나지 않는 행동거지를 가르쳐 기르는 것'이
라고 볼 수 있다.

하지만 나는 더 넓은 의미에서 훈육이란 '사회에서 살아가기
위해 필요한 능력을 기르는 것'이라고 생각한다. 그런 의미에서
볼 때 아이의 자립심을 기르는 일도 훈육의 일환이다. 그래서 나

는 부모들에게 '심부름'과 '여행' 이 두 가지를 실천하도록 권한다. 어째서 심부름과 여행일까? 그 이유를 하나하나 살펴보자.

아이에게 심부름을 권하는 이유

흔히 심부름이라고 하면 바쁠 때 아이에게 도움을 청하는 일이라고 생각하기 쉽다. "빨래 좀 걷어올래?" 하는 부탁을 마지못해 들어주는 것도 엄마에게는 큰 도움이 된다. '이젠 다 커서 엄마를 배려할 줄도 안다'며 뿌듯한 마음도 들 것이다.

바쁜 엄마를 돕는 것도 물론 중요하지만 내가 추천하는 심부름은 '무언가 역할을 맡기는 것'이다. 어린아이라도 식사 준비를 돕거나 신문이나 우편물을 가져오는 일 혹은 커튼을 열고 닫는 일 정도는 쉽게 할 수 있다. 또 반항기가 시작될 나이라면 개를 산책시킨다든지 쌀을 씻는 일 또는 욕실 청소 등 더 많은 일을 맡길 수 있다. 가정에서 특정한 역할을 맡으면 자신이 가족의 구성원이라는 자각이 생기고 자립심도 커진다.

일단 역할을 맡겼다면 그 일에 대해서만큼은 참견하지 말고 처음부터 끝까지 책임을 다하도록 만들어야 한다. 매일 정해진 일과를 완수하려면 끈기와 인내심이 필요하고 책임감도 생긴다. 어떻게 하면 더 효율적으로 할 수 있을지 나름대로 궁리를 하다보면 창의력이나 응용력도 기를 수 있다.

물론 아이가 자진해서 집안일을 돕게끔 하기란 쉽지 않다. 어떻게 하면 아이가 제 스스로 집안일을 하게 만들 수 있는지에 관해 내가 가르치는 한 아이의 가정을 예로 들어보겠다.

그 아이의 엄마는 직장에 다니기 때문에 아침이면 아이보다 먼저 출근해야 했다. 출근 준비로 바쁜 와중에 아침식사를 준비하고 개를 산책시킨 다음 중학교에 다니는 아들의 도시락까지 만들었다. 힘에 부친 엄마는 어느 날 아들에게 도시락 준비와 개 산책 중 하나를 대신 해주지 않으면 집안이 엉망이 될 것이라고 호소했다. 아이는 엄마의 그런 절박한 이야기를 듣고 차마 하기 싫다고 말하지 못했다. 결국엔 어쩔 수 없이 둘 중 하나를 선택해야 할 상황이었다.

고민 끝에 아이는 도시락 준비를 선택했다. 등교하기도 바쁜데 도시락까지 싸야 하니 아이로서는 불만이었지만 엄마는 그 뒤로 도시락 문제에 일절 관여하지 않았다. 재미있는 것은 시간이 지날수록 아이는 엄마가 미리 만들어 놓은 밑반찬이며 냉동식품 등을 골고루 넣어가며 꽤 먹음직스러운 도시락을 싸게 되었다는 것이다. 얼마 지나지 않아 아이는 학교에서 일명 '도시락

남'으로 통하게 되었다.

여기서 눈여겨보아야 할 점은 엄마가 도시락 싸기와 개 산책 이라는 두 가지 선택지를 제시하고 아이 스스로 고르게 했다는 것이다.

선택이란 책임이 따르기 때문에 중간에 쉽게 그만둘 수 없다. 만약 "앞으로 도시락은 네가 싸야 해" 하고 명령했다면 아이는 엄마 말을 듣지 않았을 것이다. 엄마의 현명함이 만들어낸 승리 의 결과이다.

또 한 가지 본받아야 할 점은 매일 아침 엄마가 아이에게 '건 넨 말'이다. 아이가 만든 도시락을 보고 "맛있겠다", "오늘은 영 양 균형까지 잘 맞췄네!"라며 꼭 한두 마디씩 소감을 덧붙였던 것이다. 사소하지만 그런 몇 마디 말이 아이의 도시락 준비에 동 기부여가 되었고, 나아가 아이는 학교에서 도시락 잘 싸는 남자 로 인기를 누리게 됐다.

귀한 자식일수록 여행을 시켜라

여행은 자립심을 기르는 가장 좋은 방법이다. 나는 초등학교 때 부터 곧잘 자전거 여행을 했다. 처음에는 집에서 가까운 전철 노선을 따라 달리는 단출한 여행이었다. 자전거로 선로를 따라 달리기만 하면 되었다. 선로만 따라가면 길을 잃을 일은 없다는 생각으로 출발했는데 (당시 나로서는) 중간에 길이 없어지는 뜻밖의 상황이 일어났다.

지도 역할을 하던 선로가 없어진 탓에 나는 오로지 방향감각에만 의지해 한 번도 와본 적 없는 거리를 지나가야만 했다. 불안과 스릴이 뒤섞인 뭐라 설명하기 힘든 기분을 지금도 생생하게 기억한다. 하지만 그 경험 덕분에 나의 행동반경은 그 뒤로 부쩍 넓어졌다. 자전거만 있으면 혼자서도 어디든 갈 수 있게 되었다. 또한 그때 얻은 자신감은 자립심을 북돋우고 나라 밖으로까지 시야를 넓히는 원동력이 되었다.

그런 내 경험을 바탕으로 말하건대 귀한 자식일수록 여행을 많이 하도록 시켜야 한다. 자전거 여행만이 아니다. 아직 어린아이라면 할아버지나 할머니에게 마중을 나오도록 부탁한 뒤, 기차표를 아이 손에 쥐어주고 혼자 기차나 비행기에 태우자. 부모의 동행 없이 홀로 행동하는 것만으로 아이의 자신감을 키울 수 있을 것이다.

초등학교 고학년이 되면 집에서부터 할아버지, 할머니가 사는 시골집에 도착하기까지 모든 과정을 아이에게 맡겨보자. 기차표 사는 법, 타야 할 기차나 플랫폼을 확인하는 법, 역에서 내려 시골집까지 가는 법 등을 스스로 알아보고 찾아가게 한다. 기차를 잘못 타거나 길을 잃는 등의 예기치 못한 사건도 좋은 경험이다. 지나가는 사람에게 길을 묻는 등 스스로 해결책을 모색할 것이다. 그리고 그런 경험이 자신감이 되고 자립을 향한 든든한 발판이 될 것이다.

여행의 목적은 부모의 도움 없이 행동할 수 있는 힘을 기르는 것인데 그런 여행과 비슷한 효과를 발휘하는 것이 지역이나 자치단체 등에서 기획하는 합숙 체험이다. 합숙 체험의 이점은 아이가 부모와 떨어진 생활을 경험해볼 수 있다는 것이다. "엄마, 아빠 없이도 아무렇지도 않았다니까"라며 친구들 앞에서 짐짓 자랑을 하기도 한다.

합숙 체험의 또 다른 이점은 다른 참가자들이나 동반한 어른들 중에 처음 보는 사람이 많다는 점이다. 이 점이 학교 행사와 크게 다르다. 난생처음 보는 사람과 함께 밥을 먹고 잠을 자면서 조금씩 서로를 알아가는 과정은 의사소통 능력을 키우는 데 도움이 된다.

잠깐 곁길로 빠지면, 최근 수년간 젊은 층의 외국 여행이 줄고 있다는 뉴스를 들었다. 유학생 수도 해마다 감소하고 있는 듯하다. 경제적인 이유도 있겠지만 군이 외국에 가지 않아도 인터넷으로 빠르게 정보를 얻을 수 있게 된 것도 하나의 원인이라고 한다.

확실히 오늘날의 정보화 사회에서는 클릭 한 번이면 다양한 정보를 얻을 수 있고 외국인 친구도 쉽게 사귈 수 있다. 하지만 직접 현지에 가서 보고 느끼지 않으면 알 수 없는 일이 많은 것 또한 사실이다. 좁은 나라 안에서 꼼짝도 하지 않는 청년들이 늘고 있다는 사실이 안타까울 뿐이다.

게임과
휴대전화,
어떻게 해야 할까?

'경찰과 도둑'이라는 놀이가 있다. 말 그대로 경찰 역을 하는 아이가 도둑 역을 맡은 아이를 잡는 술래잡기 놀이이다. 규칙은 지역마다 조금씩 다른데 보통 '경찰'에게 붙잡힌 '도둑'은 감옥에 갇히고 동료가 나타나 손을 쳐주면 감옥에서 탈출할 수 있다. 그냥 술래잡기보다 스릴이 넘쳐서 나도 어릴 땐 해가 지는 줄도 모르고 놀이에 열중했었다.

신기하게도 누가 가르쳐준 것도 아닌데 이런 옛날 놀이를 요즘 아이들도 즐긴다. 다만 예전과 달라진 것은 행동반경이 넓고 같은 팀끼리 휴대전화로 연락을 취한다는 점이다. 각자 휴대전화로 '지금 편의점 앞에 있다', '그쪽으로 가고 있다' 등등 연락을 취하면서 쫓거나 도망가는 식이다. 한마디로 말해 휴대전화가 없으면 놀이에 참가할 수 없다.

팝콘 브레인을 만드는 휴대전화

휴대전화가 아이들에게 좋지 않은 영향을 미친다는 것은 이미 잘 알려진 사실이다. 하지만 알면서도 무조건 쓰지 못하게 할 수도 없는 노릇. 휴대전화가 없으면 친구 사귀기도 쉽지 않은 것이 요새 세상이니 말이다.

우리 집 아이들만 해도 친구와의 대화는 거의 문자메시지로 주고받는다. 어디 그뿐인가. 남자아이들 사이에선 게임기도 필수다. 아이가 따돌림을 당할까 봐 하는 수 없이 게임기까지 사주는 가정도 적지 않다.

'친구들은 다 가지고 있다'는 아이의 말을 언제까지 모른 척할 수는 없겠지만, 가능한 한 사용 시기를 늦추라고 말하고 싶다.

나는 휴대전화, 게임기, 텔레비전 이 세 가지를 '스위치계(系)

도구'라고 부른다. 스위치만 누르면 시간 가는 줄 모르고 즐길 수 있다는 뜻에서다. 이미 만들어진 시스템 안에서 버튼 조작만 하면 되기 때문에 뇌가 활성화되지 않고 창의력을 발휘할 일도 거의 없다. 스위치를 누르는 순간 사고는 정지하고 시간은 헛되이 흐른다.

문제는 이 세 가지에 한번 맛을 들이면 좀체 빠져나오기 어렵다는 것이다. 미국 하버드 대학교와 시카고 대학교의 공동 연구에 따르면 특히 휴대전화는 담배, 술보다 훨씬 더 중독성이 강할 뿐더러 그 부작용이 심각해서 하루 4~5시간씩 휴대전화를 하면 집중력이 떨어지는 것은 물론이고 충동적이고 폭력적인 행동을 보일 가능성이 훨씬 커진다고 한다.

이런 상태에 이른 뇌를 '팝콘 브레인(popcorn brain)'이라고 부른다. 휴대전화에 중독될 경우 주의력이 떨어져서 팝콘이 팡팡 튀는 것 같은 강한 자극에만 반응을 보인다는 의미이다. 실제로 휴대전화에 중독된 아이들의 뇌를 촬영해보면 소리나 빛에 대한 반응 속도가 훨씬 느리다고 한다.

엄마들은 대부분 우리 아들은 중독 수준은 아니라고 생각하지만 결코 안심할 문제가 아니다. 단순히 내 아들이 휴대전화로 문자메시지를 주고받거나 게임만 한다고 생각하는가. 요새 아이들은 친구들끼리 단체 대화방을 만들어 은어나 욕설 등을 서로 배우고 성인용 동영상을 공유하기도 한다. 겁을 주려는 것이 아니라, 엄마가 모르는 아이들의 세계가 분명 있다는 말을 하려는 것이다.

아이의 뇌를 지키기 위한 몇 가지 원칙

24시간 아이 뒤를 따라다니며 감시할 수는 없으니 몇 가지 원칙을 세워 지켜나가도록 하자. 먼저 묻겠다. 당신의 아이는 주어진 일을 하는 시간 외의 자유시간을 어떻게 보내고 있는가?

나는 인간의 가치는 노동시간 이외의 자유시간, 아이의 경우라면 학교에서 공부하는 시간 이외의 자유시간을 어떻게 보내는지에 따라 결정된다고 생각한다.

하지만 요새 아이들은 너무 바쁘다. 학교 공부도 이전같이 않게 빡빡해졌고 학교를 마친 뒤에는 곧장 학원에 가서 부족한 공부를 보충해야 한다. 그러다보니 자유시간이랄 것이 없다.

억지로라도 자유시간을 만들자. 그리고 그 귀중한 시간에 등산이나 캠프 혹은 요리 등 살아 있는 체험을 시키자. 살아 있는 체험만큼 다양한 자극을 주는 것도 없다. 가령 산에 오르면 울창

한 숲과 맑은 공기가 오감을 자극하고 창의력과 상상력을 북돋운다. 도중에 뱀을 만난다든지 길을 잃는 등 예기치 못한 사고가 종종 일어나기도 하는데 그런 상황에 대처하는 것 역시 아이의 성장에 도움이 된다.

또 하나, 부모 자신도 바뀌어야 한다. 사실 스위치계 도구를 즐기는 것은 아이들만이 아니다. 지하철을 타면 다 큰 어른들도 휴대전화로 인터넷이나 동영상을 보고 있으니 아이가 따라 하는 것도 무리는 아니다. 이처럼 중독성 강한 도구가 세상에 등장한 마당에 아이에게만은 절대 안 된다고 못을 박기도 어려운 일이다. 그러니 부모가 먼저 스위치계 도구를 멀리하는 습관을 들여야 한다.

그리고 휴대전화나 게임기를 허용할 때에는 그 사용에 대해 아이와 약속을 해야 한다. 중요한 것은 아무리 떼를 써도 바로 OK하지 않는 것이다. 6개월이고 1년이고 아이를 기다리게 한 뒤, 사줄 때에는 실은 사주고 싶지 않았지만 어쩔 수 없이 사주는 것이라는 태도를 분명히 한다.

또한 반드시 조건을 붙인다. 예를 들어 식사 중이나 자기 전에는 휴대전화 사용을 금지하고 만약 규칙을 어기면 당장 빼앗겠다든지 부모가 메시지를 보더라도 불평하지 않겠다는 조건을 다는 것이다. 그리고 약속을 어겼을 때에는 아이가 어떻게 나오든 약속대로 압수하도록 한다.

그리고 휴대전화나 게임기를 사줄 때에는 아이에게 사회구조에 관해 꼭 일러두었으면 한다.

"이런 도구가 사회적 현상으로까지 발전한 내막에는 분명 큰 돈을 버는 사람과 기업이 있어. 그리고 그런 기업들에 많은 세금이 부과되는 것을 보면 우리가 간접적으로 세금을 내는 것이나 마찬가지란다."

이런 사정을 충분히 설명한 뒤 사용하도록 하면 휴대전화나 게임기를 다루는 아들의 자세도 조금은 달라질 것이다.

부모가 가르쳐야 할
다섯 가지
윤리관

릴리 프랭키의 명저《도쿄타워》를 읽어본 사람이 많을 것이다. 나에게 특히 인상 깊었던 부분은 주인공이 엄마에게 돈 이야기를 꺼내는 대목이다. 평소에는 온화한 성격의 엄마가 느닷없이 "남자가 돈 가지고 왈가왈부하면 안 된다"며 성을 낸다. 아마도 남자가 돈 운운하는 것이 엄마의 윤리관에 어긋나는 일이 아니었을까?

아이가 사회에서 살아가기 위해 꼭 필요한 것

부모가 아이에게 '이런 행동만은 절대 해서는 안 된다'고 하는 윤리관을 가르치는 것은 무척 중요하다. 가정의 윤리관은 제각기 다를 수 있다. 다만 사회에서 살아가기 위해 꼭 필요한 다음 다섯 가지만큼은 가르쳐야 한다.

1. 거짓말을 하지 않는다.

2. 약한 사람을 괴롭히지 않는다.

3. 차별하지 않는다.

4. 약속을 지킨다.

5. 감사하는 마음을 갖는다.

읽어보면 알겠지만 인간으로서 갖추어야 할 지극히 기본적인 윤리관이다. 옛날 같으면 집안의 웃어른이 아이를 앉혀놓고 가르쳤을 것이다. 하지만 핵가족이 주를 이루는 오늘날에는 아쉽게도 그러한 윤리관이 계승되지 않고 있다.

사실 수업시간에 늦거나 과제물을 제때 내지 않고 숙제를 해오지 않는 아이는 수두룩하다. 특히 응석받이로 자란 남자아이일수록 자율성과 자립심이 부족하다. 그대로 사회인이 되면 약속시간을 어기거나 회의에 쓸 서류를 제때 준비하지 못하고, 여자 친구와의 데이트에도 번번이 늦는 남자가 될지 모른다.

반대로 앞의 다섯 가지 윤리관만 갖춘다면 사회생활이 가능하고, 외모가 다소 부족하더라도 여성에게 매력적인 배우자로 선택받기에 충분하다. 결혼을 해서 좋은 가정을 이루는 것은 물론이다.

20년 뒤 경쟁 사회에서 살아남으려면

비단 이 다섯 가지는 원만한 사회생활과 좋은 가정을 이루기 위한 조건만은 아니다. 나는 이 다섯 가지 윤리관을 갖추지 못한 아이는 앞으로 더 치열해질 경쟁 사회에서 살아남지 못할 것이라고 생각한다.

생각해보자. 아이에게 더 넓은 선택의 기회를 주기 위해 학교에서 충실히 공부를 시키는 것은 당연하다. 공부 말고 좋아하는 다른 것이 있다면 당연히 부모로서 지원을 해주어야 하지만, 아직까지 우리 사회는 좋아하는 일을 더 잘 하기 위해서라도 일정 수준까지는 공부를 해야 한다. 그런데 그것은 대학까지이다. 대학을 졸업하고 나서는 다른 조건이 필요한데, 이 다섯 가지는 그

때부터 빛을 발한다.

이 다섯 가지의 원칙을 지키며 큰 아이는 다른 사람의 고통을 공감하고 배려하는 능력, 감정을 조절하고 욕구를 다음으로 미룰 줄 아는 능력, 나와 다른 생각을 받아들이고 이해하는 능력, 옳고 그름을 판단하는 능력 등을 자연스럽게 갖추게 된다. 오늘날처럼 급변하는 사회에서 이런 능력들은 한 개인에게 좌절하지 않고 자기 갈 길을 찾아가는 기반이 되어준다. 나아가 이런 능력을 갖춘 사람들이야말로 미래의 사회에서 리더로 자리 잡을 수 있을 것이다.

감사하는 마음이 아이에게 가져다 줄 선물

앞서 말한 다섯 가지 가치관 중에 특히 내가 가장 중요하게 여기는 것은 감사하는 마음이다. 음식점 등에서 돈을 내는 만큼 서비스를 받는 것이 당연하다며 아이 앞에서 사사건건 트집을 잡거나, 학교에서 교사가 아이를 위해 헌신하는 것이 마땅하다고 생각하는 소위 '몬스터 페어런트(학교에 불합리한 요구와 불평을 일삼는 학부모를 일컫는 말)'가 넘치고 있다.

이런 부모 밑에서 자란 아이가 어른이 되었을 때 남을 어떻게 대할지는 불보듯 뻔하다. 사회를 이끌어 갈 리더는커녕 주변 사람들로부터 외면 받는 왕따로 살지 않으면 다행일 것이다.

안타깝게도 "고맙습니다", "덕분입니다"와 같은 아름다운 말과 함께 이어져 온 감사의 미덕이 사라지고 있다. 감사할 줄 아는 사람은 타인을 대할 때도 친절과 배려를 잊지 않는다. 또한 세상에는 여전히 돈보다 감사의 마음을 더 기쁘게 여기는 사람이 많다. 감사할 줄 아는 사람 곁에 더 많은 사람이 모이는 것은 당연한 일이다. 그러니 내 아이를 리더로 자라게 하려면 '감사'라는 덕목을 실천하도록 이끌어줘야 하지 않을까?

이처럼 소중한 가치가 아이의 내면에 대물림되고 있다면 아이가 다소 반항적인 태도를 보인다 하더라도 너그럽게 눈감아 줄 수 있다.

반 항 기 특 징 을 역 이 용 하 는 법

인성을 키울 수 있는 '규칙 놀이'

이 책에서 계속 나오는 말이지만 아들은 초등학교 2~3학년 정도가 되면 반항 아닌 반항을 시작한다. 엄마가 하는 말이면 무조건 "왜?", "싫어", "안할래" 등 일단 반발하고 보는 것이다.

그런데 이 시기의 남자아이들은 이런 부정적인 모습과 함께 엄마들이 알아두면 좋을 만한 긍정적인 특징도 보인다. '규칙'을 지키는 것에 재미를 붙이고 이를 놀이처럼 즐긴다는 것이다.

이 시기 아이들이 규칙을 좋아하는 것은 본능적인 욕구를 참고 외부에서 정한 규칙을 받아들이는 '자기조절력'이 발달하기 때문이다.

학교에 들어가기 전까지는 왜 규칙을 지켜야 하는지 모르고 무조건 따라 했다면 이제는 규칙을 지켜야 하는 이유도 알고(설혹 반항하느라 일부러 안 지키더라도), 규칙을 지키면서 쾌감도 느낀다. 그래서 이때의 아이들은 규칙성이 강한 보드게임이나 편을 나눠 하는 집단 놀이 등을 좋아한다.

반면 규칙에 너무 얽매인 나머지 선생님이나 엄마의 행동에 반발하기도 한다. 엄마가 밥을 먹다 말고 전화 통화라도 할라치면 "나한테는 식탁 앞에선 밥만 먹으라고 하고선 엄마는 왜 그래?"하며 반발하는 것도 이런 이유에서다.

이 같은 아이의 특징을 잘 활용하면 아이에게 좋은 습관과 인성을 길러줄 수 있다. 이른바 '규칙 놀이'이다.

집에서 지켜야 할 몇 가지(예의범절 등 인성에 관련된 것이면 좋다)를 정해두고 이를 지켰을 때와 어겼을 때 상벌을 정하자. 단, 이것이 훈육의 연장으로 느껴지지 않도록 상벌 모두 아이가 흥미를 느낄 만한 것으로 정한다.

'상'은 아이가 좋아하는 어떤 보상(게임기나 휴대전화 등 유해한 것은 제외하고)을 주고, '벌'은 엄마가 아이에게 원하는 것 중 하나를 하게 하는 식인데, 벌이 될 만한 좋은 예는 아이에게 낯선 경험을 하게 하는 것이다. 이를테면 아이가 한 번도 안 가본 곳으로 심부름을 시키거나(심부름의 좋은 점은 앞에서도 이야기했다), 아이가 안 해본 집안일을 돕게 하는 것이다.

단, 이 규칙 놀이에는 부모도 참여해야 한다. 엄마가 지키지 않는 규칙이라면 아이에게 반발심만 불러일으킬 것이다. 규칙 놀이에 동참한 부모도 똑같이 상벌을 적용한다면 아이는 더 재미있게 놀이에 동참할 것이다.

남자아이들에게는 자연을 벗 삼아 노는 놀이,
술래잡기나 숨바꼭질처럼 무리지어 노는 놀이,
퍼즐 맞추기처럼 머리를 쓰는 놀이가 필요하다.
그런 놀이를 어릴 때부터 충분히 한 아이는 본격적으로
학업에 임해야 할 시기가 오면 자연스럽게 공부에 집중하게 된다.
아이는 나무에 오르면서 지렛대의 원리를 배우고,
퍼즐을 맞추면서 논리사고력을 키운다.
자연에서 보고 느낀 모든 것은 자연과학을 배우는 기반이 되며,
친구들과 마음껏 뛰어논 경험은 대인관계를 키우는 모태가 된다.

제 3 장

아들 키우는 엄마들이
반드시 알아야 할
공부의 원칙

잘 노는
아이가
머리도 좋다

나는 지금껏 다른 저서를 통해 남자아이는 마음껏 놀게 해야 한다고 주장했다. 물론 여기서 말하는 '놀이'는 컴퓨터 게임처럼 스위치만 누르면 되는 놀이가 아니다. 버튼 하나만 눌러서 주의를 끄는 놀이는 놀이가 갖는 본래의 효용을 낳기는커녕 아이들에게 악영향만 미친다. 신체 성장에도 여러 가지 장애를 가져오는 것은 물론, 아이로 하여금 스스로 생각할 기회를 빼앗기 때문에 두뇌 발달을 퇴보시킨다.

남자아이들에게는 나무에 오르거나 계곡에서 가재를 잡는 등 자연을 벗 삼아 노는 놀이, 술래잡기나 숨바꼭질처럼 무리지어 노는 놀이, 퍼즐 맞추기 등의 머리를 쓰는 놀이가 필요하다. 그런 놀이를 충분히 한 아이는 본격적으로 학업에 임해야 할 시기가 오면 자연스럽게 공부에 집중한다.

이유를 묻는 엄마들에게 나는 비어 있는 바구니를 떠올려보라고 말한다. 남자아이들은 저마다 마음속에 빈 바구니를 가지고 있다. 그 바구니에 놀이를 통해 얻은 경험을 하나 둘 채워나간다. 바구니가 꽉 차서 더 이상 넣을 수 없게 되면 자연히 놀이에서 공부로 마음이 향한다.

게다가 놀이로 얻은 다양한 경험은 인생을 살아가는 힘이 되고 공부에도 도움이 된다. 이를테면, 나무에 오를 때는 어디에 발을 디뎌야 가지가 부러지지 않는지를 터득하면서 지렛대의 원리를 배우고, 퍼즐을 맞추면서 논리사고력을 기른다. 자연에서 보고 느낀 모든 것은 자연과학의 기초가 되며 마음껏 뛰어논 경험은 신체 조작 능력을 키우는 데 큰 보탬이 된다.

학창시절 '건강한 신체에 건강한 정신이 깃든다'는 말을 들어보았을 것이다. 그냥 나온 말이 아니다. 우리가 하루에 소비하는 음식과 산소 중 20퍼센트를 뇌가 사용한다. 뇌가 제대로 작동하려면 음식과 산소를 제때 공급해줘야 한다. 그런 면에서 몸을 활발하게 움직이는 놀이는 뇌에 산소를 전달해 주는 매우 효율적인 방법이다. 즉 놀이는 뇌의 발달을 촉진시키는 데 필요한 산소와 영양분을 공급함으로써 공부하기에 최적의 상태로 만들어 주는 1등 공신이라 하겠다.

"놀지만 말고 공부 좀 해."

이렇게 혼내는 엄마들이 있다면 놀이도 공부의 필수 요소라는 사고의 전환이 필요하다.

덧붙이면 남자아이에게는 뭐든지 한 가지 일에 푹 빠져보는 것처럼 좋은 경험이 없다. 곤충 채집이든 식물 재배든 자동차나 기차에 관한 것이든 그 어떤 것도 상관없다. 아이 스스로 흥미로운 일을 찾아내고 옆에서 말을 걸어도 모를 만큼 집중하는 것. 이것이 핵심이다.

사실 이것은 이탈리아의 교육자 몬테소리(Maria Montessori)가 제창한 교육법으로, 내가 가르치는 아이들 중에도 열심히 공부하지 않아도 성적이 좋은 아이들은 대개 어린시절부터 이러한 체험을 했다. 다시 말해, 오감이 발달하는 성장기에 이런 경험을 하면 영민한 사람으로 자란다는 말이다.

이처럼 놀이나 흥미로운 일에 집중하는 경험은 아이가 사춘기를 맞으면 다시 맛보기가 쉽지 않다고 생각하기 쉬운데 반드시 그런 것만은 아니다.

어느 날 옛 제자에게 전화가 걸려왔다. 도쿄 대학교를 졸업하고 광고회사에 취직한 그의 말에 따르면, 광고회사처럼 창의력을 요구하는 직장에서 두각을 나타내는 사람은 명문대학 출신보다 소위 '이류'라 불리는 사립대 출신들이라고 한다. 그들은 중고등학교 시절에는 동아리 활동에 열을 올리고 축제나 운동회 등의 학교 행사도 마음껏 즐긴 데다 연애도 하고 실연도 겪는 등 다양한 경험을 해왔다. 그래서 재미있는 아이디어를 속속 내놓는다는 것이다.

그러고 보니 내가 가르친 학생 중 중학교 때부터 공부만 한 일류대 출신들은 청춘의 즐거움은 뒤로 한 채 공부에만 매달려 다양한 경험을 해보지 못했다. 그러니 직장에 들어가서는 참신한 기획도 떠오르지 않거니와 의사소통 능력도 떨어져 타사와의 경합에도 불리한 면이 있을 것이다.

최근에는 도쿄대 출신이 많은 기업은 쉽게 쓰러진다는 말까지 나도는 실정이다. 필기시험 성적은 뛰어나지만 창의적 발상이나 과감한 도전정신이 부족해 결과적으로 기업의 생산력을 저하시킨다는 것이다.

학창시절에 공부에 집중하는 것은 중요하다. 앞서 말했듯 공부를 잘하면 하고 싶은 일을 선택할 수 있는 기회가 그만큼 넓어진다. 하지만 그렇다고 해서 공부만이 전부는 아니다. 공부를 잘하면 더없이 좋겠지만 공부가 아닌 다른 무언가에 열정을 쏟아본 경험도 공부 못지않게 중요하다.

먼저 공부와 놀이를 반대적인 의미로 생각하는 이분법적 사고부터 버려야 한다. 이 둘은 대치되는 것이 아니다. 잘 노는 아이가 공부도 잘하고, 공부를 잘하는 아이가 노는 것도 잘한다.

"공부해라"
소리 안 해도
책상에 앉는 아이

공부에 대한 의식은 남녀 간에 상당한 차이가 있다. 시험을 앞두고 체계적으로 준비하는 것은 대개 여자아이이다. 반면 남자아이는 하루 이틀 전에야 "큰일 났네, 밤 새워 공부해야지" 하며 허둥댄다.

고등학교 입시만 해도 여자아이는 일찌감치 가고 싶은 학교를 염두에 두고 '이제 본격적으로 공부해야겠다' 하고 생각하는 데 반해 남자아이는 한 학기를 남겨놓고 나서야 겨우 정신 차리고 공부를 시작하는 경우가 상당수이다.

그런 아들을 둔 엄마는 복장이 터진다. 저녁을 먹고 나서도 공부하기는 커녕 텔레비전 앞을 떠나지 못하는 아들에게 "숙제는 다 했니? 텔레비전 그만 보고 얼른 가서 숙제해!"라고 말하지 않고는 못 배긴다. 더러는 다짜고짜 텔레비전을 없애버리는 강경책을 쓰는 엄마도 있다.

어릴 때에는 그런 엄마의 실력 행사에 마지못해 따르지만 조금만 자라면 상황은 달라진다. 엄마 말은 귓전으로 흘리고 계속 텔레비전을 보거나, 자기 방으로 피해 여전히 빈둥거린다. 이런 아이에게 부모의 명령은 아무 효력이 없다.

특히 타이밍이 좋지 않을 때는 아이 스스로 '이제 슬슬 공부해야지' 하고 생각했을 때이다. 이때 엄마의 공부하라는 한 마디는 아이의 사기를 급격히 저하시킨 나머지 공부하려는 의욕마저 꺾는 결과를 낳는다. 반발심만 더 부추겨 아예 공부에서 손을 떼게 만들지도 모른다.

그렇다면 공부하지 않는 아들을 어떻게 대하면 좋을까?

결론부터 말하자면 반항기에는 공부를 하든 하지 않든 아이의 주체성에 맡기는 수밖에 없다.

"그럼 우리 애는 아예 책은 쳐다보지도 않을 거예요."

이렇게 걱정하는 부모도 있을 것이다. 하지만 엄마가 말하지 않아도 아이는 공부를 하지 않으면 안 된다는 것 정도는 알고 있다. 이왕이면 시험을 잘 보는 편이 기분도 좋고 성적이 좋으면 친구들에게 자랑할 수 있다는 것도 잘 안다.

단지 눈앞에 공부보다 재미있는 일이 있으면 저도 모르게 그쪽에 관심이 쏠리는 것뿐이다. 그러다 시험이 다가오면 '아, 평소에 해놓을 걸' 하고 후회하는 것이 공부 못하는 남자아이의 전형적인 모습이다.

반대로 똑똑한 아이는 부모가 잔소리하기 전에 책상에 앉는다. 습관이 되어 있기 때문이다.

아침에 이를 닦지 않으면 기분이 찜찜한 것처럼 그날 해야 할 일을 하지 않으면 어쩐지 마음이 편치 않다. 또한 하고 싶지 않지만 그것을 끝까지 해냈을 때 느낄 수 있는 개운함도 잘 안다. 그래서 '얼른 해버리자'고 생각하는 것이다.

물론 그런 아이에게도 유혹이 없는 것은 아니다. 보고 싶은 텔레비전 프로그램도 있고 하고 싶은 컴퓨터 게임도 있다. 하지만 그런 유혹을 이겨낼 만큼의 '자신을 관리하는 능력', 이른바 자기관리력을 갖춘 것이다.

자기관리력을 갖춘 아이는 평소 생활태도에서도 그 면모가 드러난다. 이 아이들은 자기가 원하는 대로 하기 위해서라도 일단 해야 할 일들은 미루지 않고 깔끔히 끝낸다. 계획을 세워 일을 해치우는 것에 익숙하기 때문에 과제가 생기면 일단 스케줄부터 짜고 그에 맞춰 나머지 일들을 조정한다. 우선순위에 따라 순서를 정해두니 해야 할 일을 빼먹는 일은 거의 없다. 시간 관리가 몸에 밴 것이다.

반면 자기관리력이 부족한 아이는 대개 시간관념이 없기 때문에 지각이 잦고 과제를 기한 내에 내지 못할뿐더러 숙제가 있다는 것도 까맣게 잊는다. 재미있고 편한 일에만 관심을 갖고 정작 해야 할 일은 뒤로 미루는 습관이 몸에 밴 탓이다.

반항기에는 양치질하듯 공부를 '습관화'하기에는 다소 늦은 감이 있다. 그러나 자기관리력은 기를 수 있다.

그 첫걸음이 아이 스스로 공부시간을 정하도록 하는 것이다. 스스로 방과 후 시간표를 짜고 거기에 맞춰 행동할 수 있다면 이상적이다. 하지만 이맘때 남자아이는 계획을 세우는 것 자체를 거부할지도 모른다. 그때는 기지를 발휘하자.

예를 들자면 아이에게 "저녁 준비 때문에 그러는데 오늘 몇 시부터 공부 할 거니?" 하고 물어보자. 단순히 집안일 때문에 묻는 양 자연스럽게 공부시간을 정하게 하는 것이다.

아이가 "밥 먹고 할 게요"라든지 "8시에 할 게요"라고 대답한다면 계획을 세운 것이나 다름없다. 예정된 시간이 되었을 때쯤 "이제 슬슬 공부할 시간 아니니?" 하고 물으면 된다.

이렇게 하면 부모의 명령이 아니기 때문에 아이도 기분이 상하지 않는다. 무엇보다 스스로 정한 일이기 때문에 지켜야 한다는 생각도 든다. 만약 다른 활동 등으로 저녁에 공부할 시간이 없다면 아침시간을 이용해 공부해도 좋다.

핵심은 엄마가 시켜서가 아니라, 아이 스스로 계획을 세우도록 하는 것이다. 강요하는 분위기만 아니라면 아이는 부지불식간에 공부할 계획을 세우고 책상에 앉게 될 것이다.

아이가
"공부를 왜 해야 해?"
라고 묻는다면

아이가 초등학교 저학년 때는 공부를 곧 잘 했는데 학년이 오를수록 성적이 떨어진다는 이야기를 자주 듣는다. 개중에는 제 딴에는 과정에 맞춰 열심히 해도 어찌된 영문인지 성적이 오르지 않아서 고민이라는 부모도 있다.

원인은 지극히 단순하다. 공부를 자발적으로 하는 것이 아니라 '시켜서' 하기 때문이다. 부모의 강압에 떠밀리듯 책상 앞에 앉는 아이는 초등학교 고학년에서 중학교 무렵이면 반드시 한계에 부딪힌다. 이는 교육전문가들 사이에서도 자주 거론되는 문제로 나 역시 그간의 경험을 통해 실감하고 있다.

군이 말할 필요도 없지만 고학년이 될수록 학습 내용은 어려워진다. 초등학교 1~2학년 정도의 수준이라면 부모가 엉덩이를 토닥여가며 시키면 곧잘 하지만 3~4학년 정도만 되어도 그것이 쉽지 않다. 온종일 책상에 앉아 있어도 아이에게 '스스로 공부하려는 의지'가 없다면 성적은 쉽게 오르지 않는다. 성적이 안 오르니 나중에는 '도대체 공부는 왜 하는 거야?' 하는 반감만 생길 뿐이다.

이런 아이에게 학습의욕을 높이는 일은 결코 쉽지 않다. 따지고 보면 국어시간에 배우는 문법이나 고전문학, 수학시간에 배우는 방정식이나 함수 혹은 인수분해 등은 과연 배워서 무슨 도움이 된다는 건지 회의만 들게 하는 내용뿐이다.

그렇게 쓸모없어 보이는 지식을 익히려면 '왜 공부를 해야 하는가?' 하는 동기부여가 필요하다. 공부를 하는 목적과 의미가 분명하면 아이도 자발적으로 공부를 할 것이다.

아이에게 공부의 목적과 의미를 가르치는 것이 부모의 역할이다. "공부 좀 해!" 하고 아이를 어르고 달래는 것보다 훨씬 중요하다고 생각한다.

그렇다면 아이에게 공부의 필요성을 어떻게 납득시킬 수 있을까? 아이도 부모도 제대로 알고 있어야 할 공부의 목적을 정리해보자.

공부를 하는 이유는 다양하지만 첫 번째로 말할 수 있는 것은 '진로 선택의 폭을 넓히기 위해서'이다. 학력 편중을 비판하는 목소리가 없지는 않지만 우리 사회가 학력 사회인 것만은 부정할 수 없는 사실이다. 유명기업에서는 대학 졸업 이상의 학력 소지자를 채용하는 곳이 많기 때문에 일단 고졸인지 대졸인지에 따라 진로 선택의 폭이 크게 달라진다.

게다가 똑같이 대학을 졸업했다고 해도 취업 기회는 평등하지 않다. 취업난이 심각한 오늘날에는 같은 대졸자 간에도 상당한 격차가 있다. 아무리 훌륭한 인재라도 대학 이름에 따라 서열이 매겨지고 출발선에조차 서지 못하는 경우도 종종 있다.

다시 말해 학력이 높으면 직업 선택의 폭이 넓어진다. 물론 아닌 경우도 많지만 장래에 자신이 꿈꾸는 일을 하기 위해 '학력'이라는 포인트를 쌓아둔다고 해서 손해 볼 일은 없다. 학력을 목적으로 둘 필요는 없지만 학력을 수단으로 삼을 필요는 아직까지 존재한다.

하물며 의사, 변호사, 검사, 고위 공무원 등 국가고시 자격이 필수인 직업을 꿈꾼다면 공부는 더욱 중요하다. 국가시험은 전문지식을 통째로 암기한다고 합격할 수 있는 것이 아니다. 물론 암기력도 중요하지만 출제 의도를 이해하기 위한 독해력, 옳은 답을 이끌어내는 논리사고력 등 종합적인 능력이 필요하다.

독해력이나 논리사고력은 중학교 때부터 배우는 교과과정을 통해 기를 수 있다. 하루아침에 익힐 수 있는 것이 아니기 때문에 대학에서 부랴부랴 공부해도 원님 행차 뒤에 나팔 부는 격밖에 되지 않는다.

이 같은 내 주장에 반발하는 부모도 많을 것이다. 또한 많은 교육 전문가나 사회학자들이 앞으로는 성적이 그렇게 중요하지 않다고 주장한다. 그 말이 틀리다고 말하고 싶지는 않다. 하지만 나는 보다 현실적인 이야기를 하고 싶다.

공부를 전혀 안 해도 얼마든지 자기가 하고 싶은 일을 할 수 있다거나, 성적과 행복은 전혀 무관하다고 말하는 것은 너무 무책임하다. 그보다는 "네가 하고 싶은 일을 마음껏 하기 위해서라도 공부는 하는 것이 좋다"라고 말하는 편이 아이에게 보다 설득력 있지 않을까?

머리 좋은 아이로
키우는
세 가지 습관

나는 종종 학생들에게 "너희들은 좋아하는 일을 하기 위해 세상에 태어났다"고 이야기한다.

아이들이 좋아하는 일을 할 수 있는 시간은 공부 시간 이외의 자유시간이다. 요새 아이들은 공부하기만도 바빠 자유시간이 없다고 앞에서도 말했지만, 나는 오히려 그렇기 때문에 더욱 자유시간을 소중히 하는 습관을 들여야 한다고 말하고 싶다.

좋아하는 일이라고 해서 텔레비전을 보거나 게임을 하는 것이 아니다. 텔레비전이나 게임의 공통점은 수동적이라는 점이다. 주어진 정보를 받아들일 뿐 스스로 생각하거나 창의력을 발휘할 기회가 없다.

모처럼 주어진 자유시간은 스스로 조사하고 찾고 만드는 따위의 능동적인 일에 써야 아깝지 않다. 그렇지 않은가?

실제 내가 가르치는 학생들 중에는 곤충 박사, 화석 수집, 바둑, 장기 등 다양한 취미를 가진 아이들이 많다. 그 아이들은 대체로 머리가 좋다. 자유시간이면 자신이 흥미를 느끼는 일에 열중하면서 지성을 쑥쑥 키운다. 집에서 수시간씩 공부에 집중하기도 하지만 전혀 그렇지 않은 때도 많다. 장시간 공부하지 않아도 잘하는 것이다.

'타고난 뇌 구조가 다르다.'

이렇게 생각할지도 모르지만 실은 머리가 좋아지는 세 가지 습관이 몸에 배어 있기 때문이다. 그 습관이란 무엇일까?

첫 번째는 수업에 집중하고 꾸준히 자기 향상을 위해 노력하는 습관이다. 선생님이 한 말을 머릿속으로 되새기고 정리해서 노트에 옮겨 적는다. 필기도 대충 하는 것이 아니라 나중에 다시 봐도 요점이 한눈에 들어오도록 정리되어 있다. 일류대 학생들의 노트가 화제가 되어 책으로 출간되기도 했는데 내가 봐도 그들의 노트 정리는 참으로 훌륭했다.

수업을 받다 보면 어느 때는 집중이 잘 되기도 하고 또 어느 때는 선생님의 말이 전혀 귀에 들어오지 않기도 한다. 하지만 기분에 상관없이 어떻게든 노트에 기록하는 습관을 갖다보면 그 노력 자체가 습관이 되며, 그것이 곧 두뇌 발달과 함께 자기 향상의 기반이 된다.

두 번째는 '빨리' 공부하는 습관이다. 앞에서도 이야기했지만 아이들은 자유시간에 좋아하는 일을 하고 싶어 한다. 머리가 좋고 공부를 잘하는 아이라고 다를 것이 없다. 다만 차이가 있다면 자유시간을 더 많이 더 재미있게 보내기 위해서 공부를 빨리 해치운다는 것이다. 즉, 자유시간을 제대로 즐기기 위해 빠른 시간 안에 효율적으로 공부하는 방법을 터득한 것이다.

수업에 집중하거나 필기하는 습관은 금방 자리 잡기 어렵지만 '빨리' 공부하는 습관이라면 가정에서도 쉽게 실천할 수 있다. 예를 들어 '계산 문제나 한자 풀이는 5분' 등으로 시간을 설정해놓고 푸는 것이다. 짧은 시간 안에 문제를 풀려고 하면 그만큼 몰입해야 하기 때문에 주의집중력도 커진다. 집중력을 발휘한 상태에서 공부를 하니 머리에도 쏙쏙 들어올 뿐만 아니라, 실제 시험에 대비해 빠르고 정확하게 문제를 푸는 연습을 할 수 있다.

시간에 더욱 집중하려면 타이머를 이용하면 된다. 남은 시간도 한눈에 알 수 있고 정해진 시간이 되면 알람이 울리기 때문에 시작과 끝을 분명하게 의식할 수 있다. 스톱워치로 문제를 푸는 데 걸린 시간을 재고 매일 기록하는 방법도 효과적이다. 경쟁을 좋아하는 아이들은 '어제보다 30초 빨리 풀었다'는 사실에 한층 의욕을 불태운다.

이때 엄마가 "빨리 풀었으니까 다른 문제도……" 하고 욕심내는 것은 금물이다. 그보다 "속도가 점점 빨라지네?" 하는 식으로 칭찬을 해주자. 그러면 아이도 '더 빨리 풀어야지' 하고 생각하게 될 것이다.

여기에 한 가지 더 보태자면 '왜?'라고 묻는 습관을 갖도록 하는 것이다.

머리 좋은 아이들을 보면 '왜?'라는 질문을 던지는 습관이 몸에 배어 있다. 교과서에 쓰인 내용을 곧이곧대로 받아들이지 않고 늘 '왜 그럴까?' 하고 의문을 품는 것이다. 이렇게 궁금증을 풀어가는 과정을 통해 지식이 깊어지고 지성도 쌓을 수 있다.

실제 인문계 대학교 입시는 '왜?'를 묻는 문제가 꼬리에 꼬리를 문다. 그런 문제를 제대로 풀려면 평상시 의문을 품는 습관이 필요하다.

내가 가르치는 중학교 1학년 학생부터 고등학교 1학년 학생들이《한비자》,《논어》,〈마태복음〉 등을 읽고 그 내용을 조목조목 따지고 반박하는 모습을 보면 참 재미있다.

가령 〈마태복음〉에 나오는 '예수가 나병 환자를 고쳤다'는 기록에 대해 "말도 안 돼, 이런 걸 어떻게 믿어", "왜 그렇게 생각해?"라며 친구들과 언쟁을 벌인다. 어떤 현상에 대해 의문을 갖고 다른 사람과 생각을 교환하는 좋은 습관이 몸에 배어 있는 것이다.

머리는 타고난다는 말이 있다. 하지만 내가 가르친 아이들을 두고 이야기하자면 사람의 두뇌는 어떻게 사용하느냐에 따라 후천적으로 얼마든지 발달한다. 특히 아직 성장 과정에 있는 아이들일수록 더 그렇다. 다만, 어떻게 그것을 개발해주느냐는 온전히 부모의 몫이다.

공부할 때 집중력을 방해하는 것
책상에 앉을 때만큼은 음악을 꺼라

버스나 지하철을 타면 이어폰을 낀 젊은이들을 많이 볼 수 있다. 요새는 초등학생들도 이어폰을 꽂고 다니는 예가 흔하다. 부모들은 길거리에 다닐 때 사고 위험이 있기 때문에 이어폰을 끼지 못하게 하는데, 나는 거리에서 뿐만 아니라 집에서 공부할 때에도 이어폰으로 음악을 듣는 것은 좋지 않다고 생각한다.

책상에 앉은 아이를 간섭해서는 안 된다고 누차 말했지만, 다만 한 가지 아이가 이어폰을 끼고 공부를 하면 즉각 그만두도록 주의를 주자. 이어폰을 끼고 공부하는 이유를 물으면 "주변 소리가 신경 쓰여서", "집중이 잘 돼서", "좋아하는 음악을 들으면 의욕이 솟아서" 등 다양한 대답이 나오지만 내 경험으로 미루어 볼 때 음악을 들으면서 공부하는 아이 중에 성적이 좋은 아이는 많지 않다.

당연한 말이지만 공부에는 집중력이 필요하다. 이어폰을 끼면 주변 잡음이 차단되어 집중이 잘 될 것 같지만 실은 음악 소리 때문에 되레 집중력이 떨어진다. 기껏 공부를 해도 실제 머릿속에 들어오는 것은 80퍼센트 정도에 그치고 만다. 주위 소음이 신경 쓰여서 음악을 들어야 할 만큼 예민한 아이라면 그 아이는 집중력이 부족한 것이다. 오히려 음악 없이도 집중할 수 있는 조용한 환경을 만들어주어야 한다.

그 밖에도 이어폰을 끼고 공부하는 아이는 재미있고 편한 일에 휩쓸리기 쉬운 경향이 있다. 또한 듣기 싫은 소리는 차단하고 자기가 좋아하는 음악에 빠지는 행동은 인내력을 떨어뜨린다. 자꾸만 무언가에 의지를 하여 공부를 하려다 보니 끈기를 갖고 끝가지 해내려는 마음이 약해지는 것이다.

공부할 때 음악은 금물. 대신 공부를 끝내면 얼마든지 들어도 좋다. 그러니 음악을 듣고 싶다면 공부를 빨리 마치면 된다. 그렇게 아이를 타이르자.

지성을 갖춘 아이는
인생이
풍요로워진다

공부의 목적은 정말 다양하다. 그중 대표적인 것이 '진로 선택의 폭을 넓히기 위해서'이지만 실은 그보다 더 근본적인 목적이 있다.

'교과서를 읽고 생각한다, 수업을 듣는다, 문제를 푼다.'

이 같은 활동은 지식을 습득하는 한편 지성을 높이는 행위이다. 나는 지성의 향상이야말로 공부의 가장 중요한 목적이라고 생각한다.

지식과 지성은 비슷해 보이지만 사뭇 다른 의미를 지녔다. 지식이란 어떤 대상에 대한 기억으로 컴퓨터에 비유하면 메모리에 해당한다. 한편 지성이란 사고력, 판단력 등의 지적 능력을 아우르는 것으로, 쉽게 말해 어떤 어려운 상황이 닥치더라도 헤쳐 나갈 수 있는 능력이다. 단순한 지식보다 한 단계 위의 개념인 것이다.

인간은 누구나 지성을 높이려는 욕구를 지녔다. 지적 욕구가 채워지면 아이는 시키지 않아도 공부를 한다. 식욕이 충족되면 기분이 좋아지듯 지적 욕구가 충족되면 행복감이 높아지고, 이로 인해 더욱 지성을 높이고 싶어진다. 게다가 지성을 갖추면 공부는 물론이고 교우관계에도 득이 된다. 그것을 아는 아이라면 부모가 어르고 달래지 않아도 알아서 공부를 한다.

때문에 나는 수업을 할 때 '지식'이 아닌 '지성'을 키우는 교육을 실천하려고 노력한다. 하지만 아쉽게도 오늘날 교육현장에서는 지성을 신장하기 위한 교육이 제대로 이루어지지 않고 있다. 아이들은 시험을 잘 보려면 열심히 공부해야 한다고 배운다. 그 과정에서 어떤 아이는 점수를 올리기 위해 묵묵히 지식을 쌓고 또 어떤 아이는 흥미를 잃은 나머지 점점 공부를 싫어하게 된다. 근본적인 개혁이 없는 한 이런 교육환경은 바뀌지 않는다.

지성을 충족시키는 교육에 관해 조금 더 깊이 들여다보자. 왜 인간은 지성을 높이고 싶어 할까? 그 이유는 지성을 높임으로써 자기 향상을 실현할 수 있기 때문이다. 자기 향상이란 글자 그대로 자기 자신을 높이는 일이며, 지성은 그러한 자기 향상의 한 요인이 된다.

한 예로 어른의 경우 일을 통해 자기 향상을 이룬다. 일을 통해 지성이 충족되면 자기 향상을 이룰 수 있고 일에 대한 의욕도 한층 높아진다. 기술이 느는 것도 자기 향상의 하나이다.

하고 싶은 일을 하면서 자기 향상을 실현하는 것이야말로 가장 바람직한 형태다. 하지만 현대 사회에서 그런 식으로 자기 향상이 가능한 일을 하려면 대개 '학력'이라는 선발과정을 거쳐야 가능하다. 그렇기 때문에 학교 공부를 충실히 해야 한다고 말하는 것이다.

여기서 눈여겨보아야 할 대목이 일본의 실업률이다. 전체 실업률은 3퍼센트대를 유지하고 있으나 15~29세 청년실업률은 2015년 들어 6퍼센트를 넘어섰다(한국의 경우 전체 실업률 3퍼센트대 대비 청년실업률은 10퍼센트대이다). 대신 아르바이트로 생계를 이어가는 청년들이 늘고 있다.

아르바이트도 풀타임으로 일하면 그럭저럭 생활은 할 수 있을 것이다. 하지만 그 일에 자기 향상이 있을지 의문을 품게 된다. 심지어 일도 하지 않고 부모에게 기생해 살아간다면 자기 향상은 전무하다고 볼 수 있다. 요즘 젊은 층에 만연한 무기력감은 이 같은 자기 향상의 부재에서 비롯된 것이 아닐까?

혹 오해가 있을까 싶어 덧붙이지만 자기 향상의 실현은 일뿐 아니라 취미활동이나 여가생활을 통해서도 가능하다. 실제로 일과는 전혀 관련 없는 분야에서 재능을 꽃피우는 사람도 적지 않다. 하지만 대부분의 사람이 인생의 상당 시간을 생업과 관련한 일을 하며 보낸다고 볼 때, 일을 통해 자기 향상을 하는 것이 행복에 더 가까워지는 지름길이 아닐까 싶다.

아이 교육에 있어 중요한 것은 '인생을 살아감에 있어 어떤 형태로든 자기 자신을 향상시킬 수 있도록 하는 것'이다.

자기 자신을 향상시키는 삶을 사는 사람은 인생이 풍요롭다. 탄탄한 학력, 풍부한 인간성, 건강과 체력을 겸비한 '살아가는 힘'을 기르는 교육, 그런 교육이야말로 훗날 아이로 하여금 자기 향상을 이루는 삶을 살도록 하는 교육이라 생각한다.

아이의 지성을 높여주는 다섯 가지 힘

앞서 나는 공부의 목적이 자기 향상을 위한 지성을 높이는 것이라고 했다. 그렇다면 지성을 높이기 위해 어떤 공부를 해야 할까? 나는 다음의 다섯 가지 능력을 익히는 것이라고 생각한다.

1. 읽기 능력
2. 쓰기 능력
3. 암산력

4. 논리사고력

5. 시행착오력

　이 다섯 가지 능력을 키우는 학습에 힘쓴다면 지성을 기르는 것을 물론, 공부의 난이도가 높아져도 유연하게 대응할 수 있다. 그럼 각각의 능력을 기르는 방법을 소개하겠다.

1. 읽기 능력을 기르려면

"봄은 새벽녘. 동트는 산기슭이 조금씩 밝아오며 보랏빛 구름이 가늘게 드리운다. 여름은 밤. 휘영청 달 밝은 밤은 더할 나위 없고 칠흑 같은 어둠에 반딧불이가 춤을 춘다……."

　일본 수필문학의 대가라 일컬어지는 세이쇼 나곤(淸少納言)의 《마쿠라노소시(枕草子)》의 첫 대목이다. 읽다보면 문장의 독특한 리듬이 느껴질 것이다.

　글에 녹아 있는 독특한 리듬을 파악하면서 읽는 것, 이것이 읽기 능력의 기초이다. 읽기 능력을 기르기 위해 초등학교 저학년 때는 책을 소리 내어 읽는 숙제를 내주기도 한다. 아이가 교과서를 또박또박 잘 읽을 때 옆에서 엄마가 동그라미를 쳐주면 아이는 신이 나 더 큰소리로 교과서를 읽는다.

학년이 올라가도 소리 내 책을 읽는 것은 읽기 능력을 키우는데 도움이 된다. 특히 책을 싫어하는 아이라면 소리 내 읽는 재미를 통해 독서에 대한 부담을 덜 수 있다.

새삼스러워 말고 이제라도 아이에게 소리 내어 읽는 연습을 시켜보자. 고전이나 명문으로 일컬어지는 문학작품을 한 구절 한 구절 곱씹어가며 소리 내 읽게 하는 것이다. 처음엔 단순히 글자를 읽는 정도로 그칠지 모르지만 시간이 지날수록 아이는 그 글이 갖는 의미도 함께 생각하게 될 것이다.

하지만 "어서 읽어보라니까" 하고 아무리 어르고 달래도 들은 척도 하지 않는 아이들도 있다. 그럴 때에는 가족끼리 돌아가며 읽다 중간에 막히는 사람에게 벌칙을 주는 등 놀이 요소를 집어넣는 것도 한 방법이다.

요새 아이들은 책을 읽는 대신 블로그나 트위터 등 인터넷 매체를 즐기는 시간이 더 많다. 블로그나 트위터도 문자를 읽는다는 점에서는 크게 다르지 않지만 비교적 짧은 글로 의사 전달만을 목적으로 하기 때문에 특유의 리듬이나 어감을 느끼기 어렵다.

독서습관이 없는 아이는 국어시험에 출제되는 장문(長文)의 독해 문제를 상당히 힘들어한다. 일단 문장 읽는 자체에 시간이 오래 걸리고 어렵게 읽었다 하더라도 독해를 제대로 해낼 수 없다. 우리글도 제대로 못 읽는 아이로 키우고 싶지 않다면 소리 내 읽는 음독과 독서습관을 길러주자.

2. 쓰기 능력을 기르려면

아이가 글쓰기를 싫어하는 가장 큰 이유는 학교에서 내주는 작문숙제 때문이다. 작문숙제는 일정한 형식에 맞춰 우등생다운 내용을 써서 내면 대부분 좋은 성적을 받는다. 어떤 면에서 형식에 맞게 쓰면 누구나 쓸 수 있는 것이 학교의 작문이다. 그러니 글쓰기가 재미있을 리 없다. 어떻게 해야 아이에게 글쓰기가 즐거워질까?

가장 좋은 방법은 거짓 이야기 즉, 공상 속의 이야기를 자유롭게 쓰게 하는 것이다. 남자아이에게 마음껏 그림을 그려보라고 하면 동물원에 공룡이 출몰하거나 로봇인지 동물인지 모를 희귀한 생물이 날아다니는 '상상'의 세계를 신나게 그린다.

글쓰기도 마찬가지이다. 이야기의 무대가 미래의 도시여도 좋고 주인공에게 날개가 달려 있어도 상관없다. 머릿속에 떠오른 생각을 자유롭게 써도 된다고 하면 글쓰기가 서툰 아이라도 혼쾌히 쓸 것이다.

이야기를 지어내는 것이 힘들어 보이면 간단한 논문이나 수 필을 쓰게 하는 것도 좋다. 원자력 발전문제, 환경문제, 가족이 나 일상생활 등 스스로 쓰고 싶은 주제를 고르게 하면 된다. 틀 에 박힌 형식은 버리자. 스스로 생각하고 느낀 점을 솔직하게 쓰 도록 하는 것이 포인트다.

다만 어떤 글을 쓰든지 한 가지 조건을 달자. 부모나 친구가 재미있게 읽을 수 있도록 쓰는 것이다.

나는 종종 아이들에게 글쓰기는 요리와 같다고 말한다. 고기, 양파, 당근, 감자 따위의 평범한 재료라도 더 맛있는 카레를 만 들기 위해 머리를 짜내다 보면 맛도 좋아지고 먹는 사람도 기뻐 한다. 글도 글쓴이가 어떤 양념을 곁들여 어떻게 조리하는지에 따라 글맛이 달라진다. 재미있게 써야 한다는 조건을 달면 극적 인 장면을 연출하기 위해 기승전결을 만들고 세밀한 묘사를 하 는 등 이런저런 고민을 할 것이다. 그러면 자연히 글쓰기 능력이 향상된다.

아이가 더 자유롭게 글을 쓸 수 있도록 필명을 사용하는 방법 도 있다. 나 역시 학생들에게 진짜 이름 대신 필명을 쓰도록 하 는데, 나로서는 상상도 못할 기발한 발상이 돋보이는 글을 읽을 때면 감탄하기도 하고 웃음을 터트리기도 한다. 자신이 쓴 글을 재미있게 읽어주는 사람이 있다는 사실을 알면 글쓰기에 품었던 거부감이 사라지고 쓰기 능력도 쑥쑥 자랄 것이다.

3. 암산력을 기르려면

먼저 17×18을 암산해보자. 방법은 여러 개인데, '17의 10배가 170이고 17의 8배는 136이므로 170과 136을 더하면 306이라는 답이 나온다'는 식으로 계산하는 것이 바로 암산이다. 암산력이란 이러한 계산식과 답을 금방 구할 수 있는 능력을 뜻한다.

암산이 필산과 다른 점은 응용력이 필요하다는 것이다. 앞서 예로 든 문제에서 18을 10과 8로 나눠 각각 곱하는 발상이 없으면 쉽게 계산이 안 된다. 또한 응용력과 더불어 기억력도 요구된다. 17×8=136이라는 숫자가 나왔을 때 처음 계산한 170이라는 숫자를 기억하지 못하면 둘을 더할 수 없기 때문이다. 또 17×18=17×2×9=34×9로 변형시켜 34의 10배인 340에서 34를 뺀 340-34=306으로 계산할 수도 있다.

암산력은 비단 수학 성적을 위해서만 필요한 것이 아니다. 암산력이 높은 아이는 어떤 질문을 받았을 때 금방 정확한 답을 이끌어 내거나 남다른 기지를 발휘할 수 있다. 현명한 사람을 두고 '머리가 좋다', '머리 회전이 빠르다'고들 하는데 그것은 곧 암산력이 뛰어나다는 말이다. 머리 회전이 빠르니 남에게 속을 일도 없다.

암산력은 무조건 반복해서 연습하는 과정을 통해 향상된다. 그렇다고 종일 책상에 앉아 있을 필요는 없다. 가령 가족끼리 외식을 할 때는 "아빠가 시킨 돈가스 세트는 19,800원, 엄마의 스파게티는 12,600원, 네가 시킨 햄버거 세트는 18,400원이야. 다 합치면 얼마일까?"라든지 "우리 집 식비는 매월 650,000원인데 1년이면 얼마나 될까?" 하는 식으로 일상생활에 관련된 숫자를 예로 들어 암산을 시킨다. 이것이 습관이 되면 종이에 쓰는 필산이나 계산기를 두드리는 일이 오히려 귀찮게 느껴질 것이다.

4. 논리사고력을 기르려면

'논리적'이라는 것은 자신의 생각(주장)과 결론을 충분한 논거를 바탕으로 정확하게 설명하고 증명할 수 있다는 뜻이며, 매사를 그런 과정을 거쳐 생각하는 능력이 논리사고력이다. 예를 들어 미성년자는 담배를 피우면 안 된다는 주장을 할 때 법률상 흡연은 만 19세 이상부터 가능하다는 점, 흡연으로 인한 니코틴과 타르 유입이 청소년기의 성장을 저해하는 점 등의 논거를 대고 '그렇기 때문에 안 된다'고 결론짓는 것이 바로 논리적 사고다.

그와 대조적인 것이 감정적 사고다. 미성년자는 무조건 담배를 피우면 안 된다며 다짜고짜 야단부터 치는 것이 감정적 사고에 해당한다.

논리적 사고가 뛰어난 사람은 자신의 생각을 명확하게 전달할 뿐 아니라 다른 사람의 이야기를 듣는 중에도 귀착점을 찾아낸다. 가령 A, B, C의 세 가지 귀착점이 있다 해도 그 후 전개될 이야기를 통해 B와 C를 제외하면 자연히 A가 답이라는 것을 알게 된다.

논리사고력은 아이가 커서 직장생활을 하게 될 때 더욱 효과를 발휘한다. 상대보다 빠른 논리적 사고가 가능하기 때문에 거래나 협상을 주도적으로 이끌어갈 수 있다. 귀착점을 빨리 찾아내니 상대를 설득하기도 쉽다. 여기에 앞서 이야기한 암산력이 더해지면 호랑이가 날개를 단 격이다.

논리사고력은 수학으로 단련할 수 있다. 방정식은 논리사고력을 기르는 데 단연 최고이며 암산 훈련도 매사를 논리적으로 생각하는 힘을 길러준다.

놀이라면 퍼즐이나 바둑 또는 장기를 추천한다. 바둑이나 장기에선 형세를 가늠하고 승리하기 위해 당장 어떤 수를 두어야 할지를 생각한다. 이런 과정을 통해 논리적 사고를 단련할 수 있다.

5. 시행착오력을 기르려면

시행착오력을 기르면 크게 두 가지 이점이 있다. 첫째, 결론을 이끌어 내는 데는 수많은 과정이 있다는 것을 이해하게 되며 그로 인해 유연성이 길러진다.

한 예로 A라는 결론에 도달하려면 B라는 방법도 있고 C라는 방법도 있다고 하자. 시행착오력이 있는 아이는 만약 B가 잘 되지 않으면 C로 방법을 바꾸는 유연한 사고를 하게 된다.

둘째, 자신감이 생긴다. 스스로 검증한 결과로 A라는 결론에 이를 경우 그것은 흔들림 없는 반석이 된다. 남들이 무슨 말을 하든지 자신이 선택한 방법을 최선이라고 확신하게 되는 것이다.

엄마들이 이해하기 쉬운 예로 요리를 들 수 있다. 고기를 굽는 데 200도의 오븐에서 30분을 굽는 것이 좋을지 250도로 20분 굽는 것이 좋을지 실제 시험해보고 검증하는 것이 바로 시행착오력이다. 그런 경험이 있으면 고기의 크기에 따라 온도나 시간을 자유롭게 변경할 수 있다. 경험을 통해 여러 가지 방법을 추론하고 응용해내는 것, 그것이 바로 시행착오력이다.

그런데 세상 엄마들은 아이들이 시행착오할 기회를 일부러 빼앗는다. 예를 들어 아이가 요리를 하려고 하면 옆에 서서 골고루 볶으라든지 조미료를 넣으라며 시시콜콜 간섭한다. 하지만 이렇게 해서는 아무리 맛있는 요리가 완성되었다고 해도 아이는 전혀 발전하지 않는다.

중요한 것만 일러주고 나머지는 아이 스스로 하게 해야 한다. 시행착오력을 기르기 위해 가장 유의해야 할 점이다. 앞에서도 이야기했지만 나는 자전거 여행을 통해 시행착오력을 길렀다. 같은 목적지라도 어떤 길을 지나는 것이 좋을지 스스로 조사하고 때로는 목적지 없이 선로를 따라 내내 달리기도 했다.

논리사고력과 마찬가지로 퍼즐이나 바둑 또는 장기도 시행착오력을 기르는 데 효과적이다. 아이는 시행착오를 거듭하는 동안 머리가 좋아진다. 그러니 아이의 시행착오를 돕지는 못할망정 방해는 하지 말자.

두 글자 추상어가
아이를
똑똑하게 한다

먼저 묻고 싶다. '관념'과 '이념'의 차이를 답할 수 있는가? 어렴풋이는 알겠는데 막상 말로 표현하자니 한 문장으로 명쾌하게 답하기 어렵지 않은가? 관념이란 어떤 일에 대한 넓은 견해나 생각을 뜻하며, 그런 관념 중에서도 핵심적이고 이상적인 견해와 생각을 뽑아낸 것이 이념이다. 즉 이념은 관념의 부분집합이라고 할 수 있다.

학년이 올라 학습 내용의 난이도가 높아질수록 교과서나 참고서 혹은 시험문제 등에서 이러한 두 글자 추상어가 자주 나타난다. 특히 국어시험에서 지문을 이해하고 독해할 때 추상어가 결정적인 역할을 하는 경우가 곧잘 있다. 이렇듯 추상어의 이해도는 지식의 습득에 커다란 영향을 미친다.

내 경험을 통해 보면 추상어를 능숙하게 구사하는 사람은 고학력에 국가시험 합격률도 높은 경우가 많다. 굳이 말하자면 사회계층의 정점에 더 가까이 다가갈 수 있는 것이다.

하지만 사전을 통째로 외운다고 추상어를 능숙하게 구사할 수 있는 것은 아니다. 앞서 말한 '관념'을 사전에서 찾아보면 다음과 같다.

1. 어떤 일에 대한 견해나 생각
2. 현실에 의하지 않는 추상적이고 공상적인 생각
3. 〈불교〉 마음을 가라앉혀 부처나 진리를 관찰하고 생각함
4. 〈철학〉 어떤 대상에 관한 인식이나 의식 내용

이런 뜻을 전부 외운다고 해도 관념이라는 단어를 정확하게 사용할 수는 없을 것이다. 그래서 내가 부모들에게 추천하는 방법이 추상어를 섞은 대화를 자주 하는 것이다. 아이와 이야기할 때는 물론이고 부부간의 대화에도 가능한 한 추상어를 섞어가

며 이야기를 나눠보자. 일상생활에서 자주 접하면 시험문제로 나와도 겁먹지 않고 의미를 잘 헤아려 옳은 답을 가려낼 수 있다. 가령 가족이 모여 고등학교 진학에 관한 이야기를 나눈다면 이런 대화가 될 것이다.

"A고교는 스포츠 명문이라는 관념이 있기는 하지만 실은 문무양도(文武兩道)를 교육이념으로 삼고 있다고 해. 어때, 근사하지 않니?"

"무조건 A고교에 가라고 강요하는 건 아니야. 단지 그 학교가 네게 잘 맞을 것 같다고 시사하는 것뿐이지."

"일단 학교에 직접 가보고 숙고해보자꾸나. 아빠는 네 선택을 존중해. 스스로 정한 길에 매진하는 것이 가장 좋은 일이니까."

다소 딱딱하고 어색하게 들릴지 모르지만 수위 조절만 잘하면 큰 위화감 없이 추상어를 섞어가며 이야기할 수 있다. 당장 어떤 단어를 써야 할지 생각나지 않는다면 뉴스나 신문에 나오는 추상어를 기억해두었다가 적절하게 섞어서 사용할 수 있다.

추상어를 쓸 때 아이가 말뜻을 물으면 그 자리에서 가르쳐주지 말아야 한다. "잘 모르겠으니 네가 찾아보고 가르쳐주지 않을래?"라며 아이를 적극적으로 움직이게 한다. 부모와 아이가 함께 배울 수 있으니 일석이조라 할 수 있다.

요새는 초등학교에서부터 논술형, 서술형 시험을 치른다. 논술은 단순한 쓰기 능력을 넘어서 풍부한 어휘력, 다시 말해 알고 있는 다양한 단어를 적절하게 선택해 사용할 줄 아는 능력이 선행되어야 한다.

만일 내 아이가 머리는 좋은데 유독 논술, 즉 문맥을 이해해 나만의 언어로 풀어내는 능력이 부족하다면 추상어를 많이 접하도록 하는 것이 효과가 있다. 추상어를 제대로 이해하는 자체가 벌써 많은 단어 숙지를 필요로 하는 작업이기 때문이다. 중요한 것은 단순히 뜻만 아는 것이 아니라, 그 단어를 완전히 숙지해 적절하게 사용할 줄 알아야 한다는 것이다. 온가족이 함께 추상어를 일상적으로 사용해야 하는 것도 이런 이유에서다. 당장 지금부터라도 아이와 함께 뉴스를 시청하며 보다 차원 높은 대화를 나눠보면 어떨까?

기억력을
무한대로
키우는 방법

'기억력'이라고 하면 암기를 떠올리는 사람이 많다. 암기란 오로지 지식이나 정보를 머릿속에 주입하는 것이다. 한자든 영어 단어든 수학 공식이든 무조건 외우기만 하면 그런대로 만족할 만한 성적을 얻을 수 있을지 모른다.

그러나 암기력에는 한계가 있다. 인간의 뇌는 컴퓨터 메모리처럼 용량을 늘릴 수 없다. 따라서 무조건 쑤셔넣다보면 언젠가 한계에 부딪히고 공부가 싫어진다. 나는 지금껏 그런 수순을 밟은 아이들을 수없이 보아왔다.

내가 생각하는 기억력은 '선명한 이미지'와 '빠른 연결'에 그 해답이 있다. 이 둘을 구사하면 무한대로 기억할 수 있다고 해도 과언이 아니다.

먼저 '선명한 이미지'란 머릿속에 떠오른 이미지로 기억하는 방법이다. 쉽게 말해 '코끼리'라는 말을 들으면 'elephant'라는 단어가 떠오르는 동시에 코가 긴 코끼리의 모습이 머릿속에 그려지는 식이다.

예컨대 한 번쯤 지난 적 있는 길을 또다시 헤매는 이유는 그 길을 머릿속에 선명하게 그리고 있지 않기 때문이다. '두 번째 모퉁이에 편의점이 있고 그 모퉁이를 돌면 세탁소가 보이고…….' 이렇게 마치 영상을 보듯 뇌리에 새긴다면 더는 헤매지 않을 것이다. 이와 마찬가지로 한자든 영어 단어든 이미지로 기억하는 습관을 들이면 기억력이 눈에 띄게 향상된다.

앞서 이야기한 암산력도 다르지 않다. 머리로 숫자를 떠올리면서 계산하면 자릿수가 늘어도 간단히 계산할 수 있다.

쓰면서 외우라고 가르치는 선생님이 있는데 쓰는 것도 실은 이미지를 머릿속에 아로새기는 과정이다.

하지만 처음부터 이미지로 기억하는 편이 굳이 쓰면서 외우는 것보다 훨씬 효율적이다. 실제로 나는 아이들에게 먼저 이미지로 기억하게 한 뒤 확인 삼아 종이에 한번 써보라고 말한다.

프로 바둑기사나 장기기사들은 이렇게 기억하는 습관이 몸에 배어 있다. 대국을 마치면 자신과 상대의 수를 처음부터 순서대로 노트에 기록하는 훈련을 한다. 이미지로 기억하지 않는 한 경기 내용을 전부 기록하는 것은 불가능하다. 그래서인지 프로기사들은 기억력이 남달리 뛰어나다.

일본의 프로 장기기사 하부 요시하루(羽生善治)는 머릿속으로 경기의 판세를 그리기 때문에 장기판이 필요 없다고 말했다. 또한 장기 명인 마스다 고조(升田幸三)는 수십 마리의 새가 날고 있는 사진을 잠깐 보고 머릿속으로 새가 몇 마리였는지 정확하게 셌다는 일화를 남긴 놀라운 기억력의 소유자다.

한편 '빠른 연결'이란 한 가지 일을 다른 일과 동시에 기억하는 방법이다. 토끼라고 하면 눈, 당근, 남천나무의 붉은 열매 등을 연결해 기억한다든지 호주라고 하면 캥거루, 코알라, 쇠고기 등을 함께 떠올리는 것이다. 이처럼 특정한 대상을 다수의 사물과 연결해 기억하면 머릿속에는 다양한 형태의 기억이 생겨나고 잊어버렸을 때에도 쉽게 기억을 떠올릴 수 있다.

단어로 치면 반의어와 파생어를 함께 기억하는 편이 단연 효과가 뛰어나다. '주관'이라고 하면 '객관', '추상'이라고 하면 '구상'을 동시에 기억하는 것이다. 영어도 단어 하나하나를 기억하기보다 'subject', 'object', 'objection', 'subjection', 'objective' 등으로 묶어서 기억하는 편이 기억하기도 쉽고 어느 것 하나를 잊어 버려도 다른 것들을 단서로 기억을 떠올릴 수 있다. 이런 방식에 익숙해지면 머릿속으로 명료하게 그려지지 않는 것을 어떻게 기억할 수 있는지 의문이 들 정도다.

사회와 과학을
재미있게
공부하려면

사회와 과학을 기피하는 아이들에게 이유를 물으면 대부분 "외워야 할 것이 너무 많고 재미없다"고 대답한다. 사회과와 이과를 암기 과목이라고 오해하는 아이들도 많다. 실제 학교 수업에서는 교과서에 쓰인 사실을 나열하고 무조건 외우라고 가르친다.

부모들이 초등학교에 다닐 때를 떠올려만 봐도 그렇다. 우리나라의 역사를 외우고 각 지방의 특산물과 도시 이름을 외웠다. 과학 역시 교과서에 나온 사진을 보면서 실험 과정을 유추하고 그 결과를 달달 외웠다. 실험을 한다고 해도 선생님이 대표로 교탁에서 실험하면 그 앞으로 옹기종기 모여 결과만 확인하는 정도였다. 그러니 재미있을 리 없다.

사실 사회와 과학은 '왜?'라고 묻는 힘을 기르는 학문이다. 지식을 익히는 것은 부수적인 문제다. '왜?'라는 궁금증을 풀어가는 과정 자체가 재미있고 그러면서 '왜?'라고 묻는 힘도 저절로 길러진다.

한 예로 아이는 세계사를 배우며 '1215년에 영국에서 대헌장이 제정된 이유는 무엇일까?', '13세기 원나라는 왜 일본을 침략했을까?' 등의 의문을 품을 수 있다. 과학이라면 '질량보존의 법칙은 실생활에 어떻게 이용되고 있을까?', '아인슈타인의 중력과 뉴턴의 만유인력은 무엇이 다른 걸까?' 등의 궁금증이 싹트기도 한다.

어린아이는 "저녁놀은 왜 빨간색일까?", "새는 어떻게 하늘을 날지?" 하고 모든 일에 의문을 품는다. 엄마가 귀찮아 할 정도로 "뭐야?", "왜 그래?" 하고 지겹게 묻는다.

즉 사람은 누구나 '왜?'라고 묻는 힘을 지니고 태어났다. 하지만 교육을 받으면 받을수록 '왜?'라고 묻는 힘을 잃게 된다. 의문이 생기기도 전에 외우지 않으면 안 된다는 압박감을 느끼기 때문이다. 그렇게 되면 지성은커녕 지식도 쌓기 어렵다.

학교 교육의 부족한 부분은 가정에서 메우는 수밖에 없다. '왜?'라는 질문이 저절로 떠오르도록 평소에 아이가 의문이 들 만한 소재를 자주 이야기하는 것이다. 예를 들어 텔레비전 뉴스를 보면서 "기름값이 곧 오르려나? 왜 기름값이 오르는 걸까?" 라고 아이에게 묻거나 "페트병에 녹차를 넣어 얼렸더니 이렇게 부풀어버렸어. 왜 그런 거지?" 등의 말을 걸며 자연스럽게 아이의 궁금증을 유발해보자.

만약 아이가 "왜 그런 건데? 엄마는 알아?"라고 물으면 "글쎄, 왜 그럴까? 엄마도 잘 모르겠는데 네가 한번 찾아볼래?" 하고 아이에게 되묻자.

설령 답을 알아도 바로 가르쳐주지 않는 것이 좋다. "인터넷 홈페이지가 있던데?", "그 책에 자세히 나와 있을지 몰라" 하고 힌트를 준다든지 시간이 허락한다면 박물관이나 명승고적을 답사하는 등 의문을 해결할 방법을 슬쩍 가르쳐주자. 이렇게 하면 아이 내면에 '왜?'라는 의문을 길러주는 동시에 문제를 스스로 해결해나가는 힘도 길러줄 수 있다. 그 과정에서 부모와 아이 사이가 돈독해지는 덤도 얻게 된다.

또 "이왕 조사했으니 정리해보면 어떨까?" 하고 권하면 글쓰기 연습도 된다. 더러는 부모가 더 열의를 보이기도 하는데 그런 모습은 아이에게 좋은 모범이 된다.

아이 스스로 '왜?'라는 의문을 해명한다면 교과서에서 얻는 것보다 훨씬 깊은 지식을 쌓을 수 있다. 의문이 풀리는 순간의 희열을 맛보면 '왜?'라고 생각하는 것이 습관이 되며, 바로 여기에서 지성이 출발한다.

학원을
지혜롭게 이용하는
방법

자녀교육에 관해 내게 주로 상담하는 내용은 학원 선택이다. 시기적으로 많을 때는 대략 5월 하순부터 6월 초순경이다. 연초부터 학원에 보냈지만 영 신통치 않아 여름방학 강좌를 들어야 할지 고민 끝에 찾아오는 경우가 많다.

A의 부모가 나를 찾아온 것도 여름방학 강좌가 시작되기 얼마 전 무렵이었다. A는 당시 초등학교 4학년이었다. 새학기가 시작되기 직전인 2월 말경부터 역 근처의 유명학원에 다니기

시작했다고 한다.

처음에는 사회와 과학을 포함한 네 가지 과목을 선택했지만 숙제가 너무 많다고 A가 우는 소리를 하자 얼마 안 돼 국어와 수학 두 과목 코스로 변경했다. 그래도 숙제가 여전히 많아 아이가 일주일에 한 번 가는 것조차 질색한다며 부모는 한숨을 지었다.

고민하는 부모 옆에서 A는 셔츠 밑에 손을 집어넣고 장난을 치고 있었다. 그러다 손장난도 싫증이 났는지 이번에는 손가락을 물어뜯기 시작했다.

그런 아이의 모습을 보고 나는 직감했다. 바로 퇴행현상이었다. A는 '어린아이로 되돌아간' 상태였다.

퇴행현상은 의사표현이 서툰 아이들이 예상치 못한 일에 휘말렸을 때 종종 나타난다. 동생이 태어나면서 부모의 관심을 빼앗겼다고 느낀 아이가 퇴행현상을 겪는 일은 더러 있지만 A는 외동아들이었다.

전부터 그런 버릇이 있었느냐고 묻자 학원에 다니면서부터 생긴 버릇이라고 했다. 학원은 A가 바라서가 아니라 부모의 권유로 다니기 시작했다고 한다. A의 친구들이 대부분 학원에 다녔기 때문에 '우리 아이도 학원에 보내야 하지 않을까' 하는 생각이 들었다는 것이다.

"아이야 학원에 다니기보다는 놀고 싶어 했지만요."

아니나 다를까 내 짐작이 맞았다. 퇴행현상의 원인은 분명 학원 때문이었다. 본인의 의사와 상관없이 맞지도 않는 환경에 처해 산더미 같은 숙제에 짓눌려 있던 탓에 퇴행현상을 일으킨 것이다. 나는 부모에게 이렇게 물었다.

"A는 올되는 편인가요? 아니면 늦되는 편인가요?"

농작물은 올되거나 늦되는 품종이 있다. 마찬가지로 아이의 발육도 올되거나 늦되는 두 가지 유형으로 나눌 수 있다. 그리고 이러한 유형이 실은 학원 선택과 깊은 관련이 있다.

A의 경우 초등학교 4학년인데도 겉모습이나 행동거지는 초등학교 저학년 아니, 장난감을 손에 쥐고 잠드는 어린아이처럼 보였다. 그런 인상이 틀리지 않았던 듯 아이 아빠는 망설임 없이 바로 대답했다.

"우리 애는 늦되는 편입니다. 저도 그랬으니까 유전인지도 모르겠네요."

그 대답을 듣고 나는 분명히 말했다.

"적어도 지금 다니고 있는 학원은 A에게 맞지 않습니다. 당장이라도 그만두게 하라고 말씀드리고 싶군요."

내가 이렇게까지 단언한 이유는 분명하다. 이유는 이후 설명하기로 하고 먼저 학원 이야기부터 하기로 하자.

학원을 고를 때 가장 먼저 눈에 들어오는 것은 이름난 대형학원일 것이다. 사람들로 붐비는 역 주변에는 대개 이런 대형학원들이 몰려있다. 그 모습을 보면 나는 늘 외식 체인점이 떠오른다. 역 근처에 죽 늘어선 모습은 물론이고 경영방식까지 학원과 외식 체인점은 상당히 비슷한 점이 많다.

외식 체인점은 점포 수와 입지로 승부한다. 역 주변과 같이 사람이 많이 모이는 장소에 얼마나 많은 점포를 내는지에 따라 영업 실적이 좌우된다. 대형학원도 마찬가지이다. 목 좋은 곳에 잇달아 학원을 차리고 이윤을 추구하는 기업과 다르지 않다.

그렇기 때문에 학생들을 모으기 위해 온갖 수단과 방법을 동원한다. 광고회사에 의뢰해서 그럴듯한 광고를 한다든지 맞벌이 가정이 많은 요즘에는 '부모님이 퇴근하고 오실 때까지 아이의 공부를 책임지겠습니다'라는 문구로 부모들을 유혹하는 곳도 있을 정도다.

'상품'을 취급하는 방식에도 공통점이 있다. 외식업체가 대량으로 조리한 음식을 각 체인점에 공급한다면 대형학원은 지도법을 체계화한 교재를 대량으로 찍어내고 거기에 맞춰 아이를 지도한다. 둘 다 어떤 의미에서 공산품화되어 있다.

게다가 점장, 학원으로 말하면 학원장은 나름 경험 있는 사람이 맡겠지만 일개 직원인 강사진은 대부분 교육 전공자가 아니다. 텍스트 지상주의를 표방하는 대형학원은 외식 체인점과 마찬가지로 직원이 전문가여야 할 필요가 없다.

그 점이 동네 아이들을 모아서 소규모로 운영하는 개인학원과 크게 다른 점이다. 원래 학원이라는 것은 큰돈을 버는 사업이 아니다. 그럼에도 불구하고 대형학원이 성업 중인 이유는 체인화된 경영방식에 있다.

다시 원래 이야기로 돌아가자. 그렇다고 외식 체인점이 필요 없는가 하면 결코 그렇지 않다. 바쁠 때는 패스트푸드점에서 간편하게 식사를 해결할 수 있고, 가격도 저렴하기 때문에 주머니 사정이 좋지 않을 때에도 부담 없이 들를 수 있다. '체인점이니까 맛도 서비스도 딱 그 정도 수준'이라고 받아들이고 이용하는 것이다.

대형학원도 마찬가지이다. 외식 체인점처럼 '배울 수 있는 것은 딱 그 정도 수준'이라는 사실을 받아들이고 아이를 보내면 될 텐데 안타깝게도 많은 부모들이 그 점을 오해하고 있다. '아이들 한 명 한 명을 세심히 살피고 각자 수준에 맞는 학습을 지도합니다'라고 하는 선전 문구를 곧이곧대로 믿는다. 말하자면 패스트푸드점에 가서 일류 레스토랑 수준의 맛과 서비스를 요구하는 것이나 다를 바 없다.

분명히 말하지만 대형학원에 다녀서 효과를 보는 것은 성적이 상위 3분의 1에 속하는 아이들뿐이다. 성적이 우수한 아이들을 특별 대우하는 학원도 많은데, 이유는 그 아이들이 명문학교에 합격하면 학원의 실적이 높아지고 학생들이 몰리기 때문이다. 입시철만 되면 '○○학교 ○○명 합격' 따위의 실적을 보란 듯이 내건다. 그런 실적을 보고 학원을 선택하는 부모가 많을 것이다. 그것이 바로 대형학원이라는 기업의 숨은 의도이다.

실제 대형학원에서는 아무리 능력별로 반 편성을 한다 해도 아이들 개개인의 학력에 맞는 세심한 지도를 하지 않는다. 앞에서도 말했듯 대량으로 찍어낸 교재 몇 권을 나눠주고 거기에 따라 지도하는 것이 기본방침이다.

상위 3분의 1에 속하는 아이들이라면 그런 방식에서도 스스로 학업을 닦는 이른바 자기주도 학습이 가능하고 숙제가 많아도 무난히 소화할 수 있을 것이다.

그러나 애초에 공부하는 습관이 없고 수업 진도를 따라가는 것조차 벅찬 데다 산더미 같은 숙제에 치여 끙끙대는 아이는 성적이 좋아지기는커녕 성격만 나빠질 뿐이다. 아이가 입시에 실패해도 "댁의 아드님은 교재에 충실하지 않았군요"라는 말 한 마디면 끝이다. 즉, 비싼 학원비를 내고 대형학원에 보내봤자 전혀 도움이 되지 않는다는 말이다.

그렇다면 개별지도를 한다는 학원에 보내면 되지 않을까, 하고 생각할지 모르지만 집단으로 수업을 하는 학원과 상황은 별반 다르지 않다. 개별지도라고 해도 대개 강사 한 명이 아이들 사이를 돌아다니면서 공부를 봐주는 정도다.

자기주도적으로 공부하는 아이라면 모르는 문제는 물어가면서 소상히 배울 수 있지만 '뭘 모르는지도 모르는' 아이에게는 그저 젊은 선생님과 함께 공부할 수 있어서 좋았다는 정도의 성과밖에 얻지 못한다. 그래도 정 학원에 보내야겠다면 아이 한 사람 한 사람을 세심하게 지도해줄 동네 개인 보습학원에 보내는 편이 도움이 될 것이다.

학원의 진실을 알았으니 올되는 아이와 늦되는 아이에 관한 이야기로 돌아가자. 아이들의 마음의 발달은 저마다 달라서 올되는 아이, 다시 말해 조숙한 아이가 있는가 하면 늦되는 아이도 있다. 어느 쪽이 좋고 나쁘다는 말이 아니라 어디까지나 개개인의 성장곡선이 다르다는 뜻이다. 초등학생인데도 어른처럼 키가 큰 아이가 있는가 하면 중고등학교 때부터 급격하게 키가 크는 아이가 있는 것처럼 말이다.

그런 차이가 나는 이유로는 우선 출생한 달의 차이를 들 수 있다. 생일이 빠른 아이는 그만큼 같은 학년 아이들에 비해 발달이 늦다. 또 하나는 조금 전 A의 경우처럼 유전도 있을 것이다. 부모가 늦되는 편이었다면 아이도 성장이 더딘 경우가 많다.

그 차이는 초등학교를 지나면서 점차 좁아져 대략 14세쯤, 그러니까 중학교에 들어가면서부터 늦되는 아이도 올되는 아이와 비슷해진다. 교육이든 훈육이든 그 점을 고려해야 한다.

학원의 경우 대형학원에 잘 적응하는 쪽은 올되는 아이이다. 나이에 비해 어른스럽고 생각이 깊어서 다소 무리가 되더라도 학원 방침에 따라 대량의 숙제도 참고 해낼 것이다.

한편 늦되는 아이는 대형학원에 다니기에는 여러 면에서 힘겹다. 기껏 학원에 보내도 가기 싫어하고, 앞서 말한 A처럼 퇴행 현상을 일으키는 등의 문제가 불거지기도 한다. 아이가 늦되는 편에 속한다면 무리하게 학원에 보낼 필요가 없다.

늦되는 아이에게는 사립중학교 시험(요새는 특목고 준비도 초등학교 때부터 한다)도 권하지 않는다. 공부는 필요한 최소한의 것만 머리에 넣는다고 생각하고 학원에 다닐 시간은 그맘때가 아니면 경험할 수 없는 놀이에 투자하는 편이 장기적으로 볼 때 훨씬 효과가 있다.

운동을 시키는 것도 좋다. 가능한 한 많은 체험을 시키면 에너지가 축적되어 마음도 성장하고 중학교 때 다시 학원을 다니게 되더라도 전과 달리 집중할 수 있다.

많은 경험을 쌓은 후 그중에서 정말 자신이 하고 싶은 일을 찾아내 특화한다면 그것만큼 강력한 무기는 없을 것이다. 중고등학교 입시 열기가 유행처럼 번지고 있는 요즘, 내 아이를 돌아보지 않고 유행을 좇아서 좋을 것은 하나도 없다.

참고로 나도 어릴 때는 늦돼도 한참 늦된 아이였다. 그렇기 때문에 '천천히 크는 것도 나쁘지 않다'고 자신있게 말할 수 있다.

아 이 가 공 부 를 어 려 워 한 다 면
한 과목에 집중시켜라

유독 공부를 어려워하는 아이들이 있다. 이유야 여러 가지가 있겠지만 지켜보는 엄마는 초조하다. 이럴 때는 모든 과목을 잘 하길 기대하지 말고 아이가 좋아하는 한 가지 과목에 집중시키는 것이 좋다.

먼저 하나라도 '잘하는 과목'을 만드는 것이 중요하다. 아이가 딱히 좋아하는 것이 없어 보여도 그동안 아이를 지켜보면서 아이의 성향은 알고 있을 것이다. 내 아이가 가장 흥미를 느낄 만한 과목을 하나 골라 그것만 먼저 향상시켜 보자.

어느 하나라도 잘하는 과목이 생기면, 아이는 그 과목을 통해 공부하는 방법을 깨닫게 된다. 예를 들어 과학을 좋아한다면 일단 개념을 인과관계에 맞춰 이해하는 법, 문제를 읽는 법, 문제와 개념을 연결하는 법 등을 익히게 된다. 또한 중요한 개념을 자기 나름대로 노트하는 법도 배우게 될 것이다. 그리고 그 방법을 통해 다른 과목도 비슷하게 공부할 수 있게 된다. 한마디로 공부의 요령을 터득하게 되는 것이다.

특히 요새는 과목과 과목이 서로 연계되는 통합교육이 이뤄지고 있는데, 어느 특정 한 분야를 잘하면 그것이 연계가 되어 다른 과목들도 저절로 향상되는 예가 많다.

또한 아이는 한 과목만 잘하더라도 큰 자신감을 얻는다. 영어를 100점 맞는 아이는 수학이나 국어가 부족하더라도 쉽게 주눅들지 않는다. 친구들이 놀려도 "나는 너보다 영어는 잘해!" 하고 맞설 수 있다. 이런 자신감이야말로 공부를 해나가는 데 중요한 자산이다.

일단 자신감이 생기면 아이는 공부를 두려워하지 않게 된다. 중요한 시험이 목전에 있다 해도 "망치면 어떡하지?" 하고 걱정하는 게 아니라, "어떻게 하면 지난번보다 더 잘할 수 있을까?" 하며 제 나름의 방법을 궁리하게 된다. 실력이 갑자기 향상되지 않더라도 그 자신감이 근간이 되어 갈수록 결과가 좋아진다.

이때 무엇보다 중요한 것은 공부를 대하는 아이의 마음이다. 공부를 어려워하거나 성적이 갑자기 떨어진 아이들이 가장 걱정하는 것은 학업 자체보다 '부모님이 느낄 실망'이다. 아이는 부모가 실망할 것을 걱정하고 있는데, 엄마가 다그치기까지하면 동기부여는커녕 실망과 좌절감만 느끼게 된다. 따라서 아이가 공부를 어려워하거나 성적이 떨어졌다고 절대 화를 내서는 안 된다. 가장 중요한 것은 아이가 자신감을 회복하고 공부에 흥미를 되찾는 것이다.

그런 의미에서 아이가 어느 한 과목을 잘하게 되더라도 욕심을 부려 더 해보라고 다그쳐서는 안 된다. 흔히 아이에게 공부를 시키는 과정에서 공부 못하는 것을 인생의 실패에 비유하며 과도한 압력을 주기도 하는데, 그렇게 해서 아이의 부담감이 가중되면 자칫 시험 공포증이나 실패 공포증을 유발할 수 있다.

남자아이는 같은 또래 여자아이들보다 한참 철부지이다.

엄마 눈에는 시시하고 하찮게 보이는

'엉뚱한' 일을 하고 싶어서 몸이 근질근질하다.

'왜 이렇게 엉뚱한 짓만 할까?' 싶겠지만

그런 엉뚱한 행동을 하고 싶은 마음이야말로 발상력의 원천이다.

그렇게 움튼 발상력을 계속 추진할 기회를 얻으면

뒷날 놀라운 발견을 하거나 새로운 사업을 구상하는 창조력이 생긴다.

따라서 남자아이의 엉뚱한 행동은 제재하고 야단칠 일이 아니라

적극 권장해야 마땅하다.

제 4 장

아들을
큰사람으로
키우는 방법

남자아이의
자신감을
키우려면

인간은 본래 머리도 좋고 용기도 있다. 나는 그렇게 확신한다. 누구나가 뛰어난 능력을 간직하고 있고, 그렇기 때문에 이 지구상에서 몇백만 년 동안 살아남을 수 있었다.

다만 그 능력은 수면 아래로 감춰져 있다. 누군가 발견하고 끌어내주지 않으면 그대로 묻혀버릴 것이다. 그러기에는 있는지도 모른 채 사라져버리는 능력이 너무 아깝다.

'자신감'도 마찬가지이다. 자신감이란 '스스로를 믿는 힘'을 말한다. 인간은 누구나 자신감의 씨앗을 품고 있다. 그 씨앗을 크게 키우는 것은 '체험'뿐이다. 씨앗에 물을 주지 않으면 싹이 트지 않듯, 자신감도 체험 없이는 발현되지 못한다.

과거 남자아이들은 놀이를 통해 자신감을 키우는 체험을 쉽게 할 수 있었다. 예를 들면 나무 타기가 있다. 어릴 때는 나무에 매달리지도 못하지만 동네 형들이 나무에 오르는 모습을 보고 흉내 내면서 조금이라도 높이 오르려고 애썼다. '떨어지는 거 아닐까', '가지가 부러지면 어떡하지' 하는 공포심을 극복하면서 목표했던 가장 높은 곳에 도달했을 때의 성취감과 우월감이란. 그렇게 얻은 자신감은 또 다른 도전을 낳아 나중에는 나무와 나무 사이를 밧줄로 오가거나 높은 곳에서 훌쩍 뛰어내리는 등 더 도전적인 모험을 즐기기도 했다.

아쉽게도 요즘은 나무 타기를 할 만한 장소가 없다. 공원에서도 나무에 오르는 것은 금지되어 있다. 혹 나무에 올라도 된다고 해도 위험하다며 부모가 말리고, 시범을 보여줄 동네 형들도 없다. 그 결과 공원은 언젠가부터 카드게임을 하거나 휴대형 게임기를 가지고 노는 아지트가 되고 말았다.

카드게임은 얼마나 강한 카드를 모으는지가 승패를 가른다. 당연히 카드를 모으려면 돈을 주고 사야 한다. 즉, 용돈을 많이 받는 아이가 승자가 되는, 자본주의의 산물이나 다름없는 게임이다. 휴대형 게임도 가상세계의 승부로, 이기면 친구들에게 자랑거리는 될 수 있을지 몰라도 자신감은 얻지 못한다. 그런 상황에서 아이의 자신감을 싹 틔우려면 의식적으로 자신감을 북돋우는 체험을 시키는 수밖에 없다.

노력하지 않으면 달성할 수 없는 적당한 과제를 주고 아이가 해냈을 때에는 아낌없이 칭찬하자. 아이를 칭찬할 때 그저 "잘했어", "대단해"와 같은 말은 마음에 와 닿지 않는다. 아이의 노력을 구체적으로 칭찬하고 인정해줘야 한다.

"쉽지 않았을 텐데 끝까지 해내다니 놀랍고 대견하구나", "엄마에게 도움을 청할 줄 알았는데 혼자 다 했구나. 멋지다" 하고 결과를 얻을 때까지의 과정과 노력을 구체적으로 짚어줄 때 비로소 자신감이 생긴다.

예를 들어 철봉 거꾸로 오르기를 못하던 아이가 꾸준히 연습해서 성공했다면 아이 나름의 목표를 갖고 꾸준히 노력했음을 언급하자. "오후 늦게까지 열심히 연습하더니 결국 해냈구나" 하고 아이의 행위를 구체적으로 언급하면 더욱 좋다.

또 아이가 심부름을 해주면 "고마워. 덕분에 엄마가 큰 도움이 되었어" 하고 고마움을 표현하는 것도 중요하다. 감사의 말이 주는 기쁨은 인간의 잠재능력을 끌어내는 힘이 있기 때문이다.

하지만 인생은 뜻대로 되지 않는다. 노력이 허사로 돌아가는 좌절을 겪기도 한다.

이런 이야기를 하다 보면 항상 떠오르는 어느 남자아이와 아빠가 있다. 그 아이는 공부나 운동은 썩 잘하지 못하지만 낚시 솜씨만은 일품이었다. 어린이 낚시 대회가 있다면 1등을 할 만큼 낚시를 무척 좋아했다.

어느 날 아이는 청새치를 낚기로 작정하고 아빠와 함께 하와이에 갔다. 보트에 오르기 무섭게 낚싯대를 드리웠지만 몇 시간이 흘러도 입질이 없었다. 아이의 아빠가 "오늘은 포기하고 돌아가자"는 말을 꺼낸 순간 강한 입질이 왔다. 청새치가 걸린 것이다. 상대는 200킬로그램이 넘는 대어였다. 밀고 당기기를 1시간 남짓. 아이는 신중하게 낚싯대를 끌어올렸다. 그런데 마침내 청새치가 물 밖으로 모습을 드러내려는 찰나 '탕' 하는 소리와 함께 낚싯줄이 끊어지고 말았다. 크게 낙심한 아이는 호텔에 돌아와서도 허탈감에 풀이 죽어 있었다. 그러자 아이의 아빠가 이렇게 말했다.

"아빠는 청새치를 놓친 걸 오히려 다행이라고 생각해. 만약 잡았다면 다음번에 더 큰 청새치를 잡고 말겠다는 꿈을 갖지 못했을 테니까. 오늘 못 잡은 것을 경험 삼는다면 다음번에는 청새치보다 더 큰 물고기를 낚을 수 있을 거야."

'인간만사 새옹지마'라는 격언도 있듯 인생은 좋은 일이 있으면 나쁜 일도 있게 마련이다. 중요한 것은 노력이 허사로 돌아갔을 때 좌절하지 않고 심기일전하여 더 크게 성장하는 것이다. 좌절을 마주하고 끝내 좌절을 극복했을 때 아이 내면에는 더 확고한 자신감이 자리 잡는다.

남자아이의
근성을
키우려면

'근성'이란 단어를 말하면 흔히 스포츠를 떠올린다. 고된 훈련에도 포기하지 않고 열심히 노력하는 모습이나 적극적이고 과감한 기술을 펼칠 때 근성이 있다고 말한다.

그래서 아이에게 운동을 시키면 근성을 키울 수 있지 않을까 생각들을 하지만 실은 그렇지 않다. 내가 보기에 운동으로 기른 근성은 무언가 부족하다는 생각이 든다. 단순히 체력이 있고 없고의 문제일 수도 있기 때문이다.

남자아이에게 필요한 진짜 근성은 '마지막까지 포기하지 않고 해내는 힘'이다. 높은 목표를 향해 어떤 역경에도 굽히지 않고 끝까지 해내는 힘, 그런 힘이야말로 진짜 근성이다.

끈질긴 승리라는 말이 있듯이 어떤 승부에서든 끈기는 승리를 부른다. 물론 끝까지 노력해도 결과가 좋지 않을 때가 있지만 그래도 마지막까지 포기하지 않으면 얻는 것이 많고 다음 승리의 밑거름을 마련할 수 있다. 하지만 중간에 그만두면 아무것도 남지 않을 뿐 아니라 자신감마저 잃게 된다.

끈기 있는 아이는 시험을 보거나 운동을 할 때 그리고 훗날 직장생활을 할 때에도 자신의 능력을 십분 발휘한다.

흔히 모차르트를 '여섯 살 때 작곡을 시작한 음악의 신동'으로 알고 있다. 하지만 모차르트의 작품 중 명곡이라고 일컬어진 것들은 스무 살 이후에 만든 작품들이다. 심리학자 마이클 호위는 그에 대해 이렇게 말한다.

"전문 작곡가가 볼 때 유년기의 모차르트 작품은 그리 놀랍지 않다. 모차르트가 어린 시절에 작곡한 협주곡들은 다른 사람의 작품을 조합한 것에 불과하다. 오늘날 명곡으로 인정받는 모차르트 협주곡은 모차르트가 작곡을 시작한 지 15년 만인 21세부터 만들어진 것들이다."

모차르트를 위대한 작곡가로 만든 건 타고난 재능만이 아니었다. 그보다는 근성을 갖고 꾸준히 노력한 시간들이 그를 음악사에 영원히 남을 작곡가로 만들었다.

어느 분야의 정상에 오른 사람들은 끈기와 노력의 가치를 잘 안다. 승자, 패자라는 말을 좋아하지 않지만 굳이 말하자면 끈기를 몸에 익힌 사람은 승자가 될 수 있다.

아이들에게도 근성이 있고 없고의 차이가 분명히 있다. 바둑이나 장기와 같은 게임을 할 때 마지막까지 포기하지 않는 아이가 승률도 높다. 그런 아이는 수세에 몰리다가도 막판에 대역전극을 펼친다.

반대로 근성이 없는 아이는 아직 승패를 가늠할 수 없는 순간에도 패색이 짙고 형세가 좋지 않다 싶으면 "그만 할래" 하고 자리를 박차고 일어난다. 그런 아이는 포기가 몸에 배었다고 할까, 중간에 포기하거나 실패하는 데 큰 거부감이 없다.

공부에 있어서도 마찬가지이다. 근성이 있는 아이는 아무리 어렵고 힘든 공부도 근성을 바탕으로 끝까지 해내지만 근성이 없는 아이는 쉽게 공부를 포기하거나 아예 시도조차 하지 않는다. 그렇다면 아이의 근성을 키우는 방법은 무엇일까?

가장 좋은 방법은 도전과제를 주고 목표를 달성했을 때의 성취감을 직접 경험하게 하는 것이다. 아이가 흥미를 느낄 만한 일이라면 뭐든 상관없지만 개인적으로는 등산을 추천한다. 등산은 정상에 오른다는 뚜렷한 목표가 있기 때문에 쉽게 성취감을 맛볼 수 있다. 이때 부모가 함께 오르면 의지도 되고 아이가 그만두고 싶어 할 때 "이제 얼마 안 남았어. 조금만 더 힘내자" 하며 격려해 줄 수 있다. 가파른 산길을 오를 때는 괴롭고 힘들지만 정상에 올라 경치를 바라보면 중간에 포기하지 않길 잘했다고 느낄 것이다.

참고로 컴퓨터 게임이나 휴대폰 게임도 목표를 달성한다는 점은 같지만 어차피 가상세계에서 일어나는 일이다. 실패해도 리셋버튼만 누르면 된다. 그만두고 싶어질 만큼의 괴로움도, 끈기로 이뤄낸 진정한 성취감도 존재하지 않는다.

한 가지 주의할 점은 한꺼번에 근성을 키우려들지 말라는 것이다. 모든 일에는 시간이 걸린다는 사실을 부모가 먼저 인지하고 아이에게 가르쳐주어야 한다. 그래야만 부모도 실망하지 않고 아이도 중도에 지쳐 포기하지 않는다.

아이가 의존적이고 소극적이라면 더욱 그렇다. 이런 아이와는 등산을 할 때에도 처음부터 산 정상에 오르게 하기보다는 산 하나를 정해두고 처음에는 3분의 1지점까지, 다음에는 절반까지,

그 다음에는 정상까지 오르는 식으로 계획을 세워 단계를 높여 가는 것이 좋다.

또 하나, 아이가 기대에 못 미치더라도 아이를 인정해주고 아이가 자책하지 않도록 격려를 아끼지 않기를 바란다.

까마득하게 높이 솟은 거목도 처음에는 작은 씨앗이었다. 숱한 세월 동안 비바람과 싸우며 그렇게 튼튼하고 아름답게 자란 것이다. 아들이 큰 거목으로 자랄 수 있는지의 여부는 오로지 부모에게 달렸다.

남자아이의
집중력을
키우려면

"우리 애는 수업 중에도 가만히 앉아있지
를 못해요."

초등학교 저학년 남자아이를 키우는 엄마들이 자주 털어놓는
고민이다. 수업에 집중하지 못하니 당연히 학업성취도도 좋지
않다. 엄마에겐 그것 역시 고민이다.

그러던 아이가 초등학교 고학년에서 중학생 정도 되면 수업
중에 자리를 뜨는 일은 현저히 줄어든다. 사회성이 생겨 남의 눈
을 의식하게 되기 때문이다. 하지만 여전히 수업에는 잘 집중하

지 못한다. 수업이 시작해도 금방 주의가 흐트러져 교과서 대신 만화책을 몰래 보거나 선생님 눈을 피해 책상 밑으로 휴대전화를 들여다보기 일쑤다.

어린이집에 다니거나 학교에 막 들어갈 무렵에는 아직 어려서 그런가 보다 하며 봐줄 수 있지만 본격적으로 공부를 해야 할 시기가 되어서도 기본적인 수업에조차 집중하지 못한다면 엄마로선 고민이 되지 않을 수 없다. 집중력을 키워준다는 학습 프로그램이 나올 정도이니 실제로 집중력에 문제가 있는 남자 아이들이 많은 것도 사실이다.

느닷없는 질문이지만 집중력이란 과연 무엇일까? 일반적으로 집중력이란 '어떤 특정한 일에 주의를 집중하는 능력'이라고 알려져 있다. 그리고 그런 능력이 오래 지속될수록 집중력이 있다고 칭찬한다.

하지만 잘 생각해보자. 집중력 없는 아이도 정신을 집중하고 만화책을 탐독하거나 퍼즐 놀이에 열성을 기울인다. 컴퓨터 게임은 잠자코 있으면 몇 시간이고 할 것이다. 다시 말해 집중력이 한 가지 일에 주의를 집중하는 능력이라면 대다수 아이들은 집중력을 지닌 셈이다.

엄마가 한숨짓는 이유는 그런 집중력이 공부할 때는 발휘되지 않기 때문이다. 만일 컴퓨터 게임이 공부에 속한다면 아이는 몇 시간을 하든 불평하지 않을 것이다.

즉, 아이가 공부에 집중하지 않는 것은 공부가 재미없기 때문이다. 좋아하는 일, 재미있는 일이라면 아이는 집중할 수 있다. 그렇다면 먼저 공부의 재미를 일깨워주어야 한다. 아이가 즐겁게 공부할 수 있는 방법을 강구하거나 공부를 해야 하는 뚜렷한 목적의식을 갖게 하는 등 다양한 방법이 있을 것이다.

여기서 한 번 더 집중력이 무엇인지 따져보기로 하자. 인간은 한 가지 일에 집중하면 다른 일에는 지극히 둔감해진다. 무언가에 열중하고 있을 때는 모기에 물려도 잘 모른다. 지하철 안에서 집중해서 책을 읽다가 내려야 할 역을 지나쳐버린 경험이 있을 것이다. 즉, 한 가지 일에 집중하는 것은 좋지만 다른 일에 주의를 기울이지 못한다는 폐해도 있다.

그렇기 때문에 집중력과 함께 '주의력'이 필요하다. 여기서 말하는 주의력이란 주변 상황에 늘 촉각을 곤두세우고 있는 상태라고 할 수 있다. 집중력과 비슷하지만 신경을 보다 넓은 범위로 분산시킨다는 점이 대조적이다.

'집중력을 키운다'는 것은 집중력과 주의력을 동시에 발휘할 수 있게 되는 것을 뜻한다. 그것이 곧 아이가 익혀야 할 진정한 의미의 집중력이다.

예를 들어 자전거를 탈 때에는 앞으로 나가는 것에만 집중해서는 안 된다. 옆에서 차가 튀어나오지 않는지 전후좌우를 살피고 멀리서 들리는 트럭 소리에도 귀를 기울여야 한다. 안전하게 달리려면 집중력과 주의력을 끊임없이 연동시켜야 한다.

운동을 할 때도 그렇다. 축구는 사람과 공의 움직임을 계속해서 눈으로 좇지 않으면 골을 노릴 수 없고 야구도 투수가 투구에만 집중하면 도루를 쉽게 허용하고 만다. 학교 운동장에서 놀 때에도 주위를 잘 살피지 않으면 다른 아이와 부딪히거나 계단에 걸려 넘어지는 등 친구들 앞에서 볼썽사나운 모습을 보이게 된다.

공부도 마찬가지이다. 시험에서 좋은 성적을 받으려면 문제를 푸는 것만 중요한 것이 아니라 시간 배분을 잘해야 한다. 문제 하나에 지나치게 집중하다 보면 나머지 문제를 다 풀기도 전에 시험이 종료되는 허망한 사태가 발생하기도 한다.

집중력은 원시시대부터 인류에게 중요한 능력이었을 것이다. 가령 사냥을 나가서 먹잇감에만 집중하면 발밑에서 독사가 다가와도 미처 알아채지 못한다. 나무 열매를 따는 데 열중하다 그만 등 뒤에서 덮치는 맹수의 기척을 느끼지 못하고 목숨을 잃는 일도 있다. 이렇듯 원시시대의 자연에는 항상 위험이 도사리고 있었기 때문에 자연스럽게 집중력과 주의력을 키울 수 있었다.

이를 우리 아이들에게도 적용할 수 있다. 즉, 아이들에게 자연 속에서 많은 경험을 시키는 것이 진정한 의미의 집중력을 기르는 가장 좋은 방법이라 하겠다.

예를 들어 낚시는 바닷물의 흐름은 물론이고 만조나 간조 등에도 주의를 기울여야 한다. 손끝으로 낚싯대가 당겨지는지를 잘 감지해야 하는 것은 물론 눈으로는 찌가 물속으로 들어가는지도 예의주시해야 한다. 승마는 고삐를 잡아당겼다 풀었다 하는 것 말고도 장애물의 위치에서부터 말의 기분까지 잘 살피지 않으면 능숙하게 말을 탈 수 없다.

이렇듯 자연에서는 그 어떤 것이라도 하나의 행위가 다른 여러 행위의 총체가 된다. 그러한 경험을 쌓으면 쌓을수록 아이에게 진짜 필요한 집중력을 기를 수 있다.

남자아이의
발상력을
키우려면

이미 알고 있겠지만 남자아이는 같은 또래 여자아이보다 한참 철부지이다. 엄마 눈에는 시시하고 하찮게 보이는 '엉뚱한' 일을 하고 싶어서 몸이 근질근질하다.

패밀리레스토랑에 가면 음료 바가 있다. 좋아하는 음료를 마음껏 가져다 마실 수 있기 때문에 아이들에게 인기 만점이다. 이때 처음에는 오렌지주스 다음에는 아이스티, 이렇게 한 잔씩 가져오는 것은 여자아이이다. 남자아이는 어떨까?

"콜라랑 오렌지주스랑 포도주스를 섞었다!"

"으아, 색깔이 뭐 그래. 난 멜론 소다랑 아이스티를 섞었는데, 어때?"

"색깔은 이상해도 이거 의외로 맛있어, 마셔봐."

남자아이들은 이렇듯 도무지 얌전히 마실 생각이 없다.

'왜 그렇게 엉뚱한 짓만 할까?' 하고 생각하겠지만 그런 엉뚱한 행동을 하고 싶은 마음이야말로 발상력의 원천이다. 멀쩡한 라디오를 분해하거나 찬장 안의 양념장들을 모두 꺼내 마법수프(?)를 만들거나 딱히 신기할 것도 없는 벌레를 모으는 등의 불가사의한 행동도 남자아이들에게는 재미있는 일이다.

"그럴 시간 있으면 공부를 해라."

이렇게 꾸짖는 것은 기껏 움튼 발상력의 싹을 꺾어버리는 행위이다. 그럴 때는 아이의 머리를 쓰다듬으며 "굉장하네. 어떻게 그런 생각을 했어?" 하고 진심으로 격려해주자.

남자아이는 엄마의 반응이 좋으면 다음에는 더 재미있는 일을 찾아내려고 마음먹는다. 그리고 또다시 칭찬을 받으면 더욱 의욕이 샘솟고 기발한 발생을 떠올리는 간격이 점점 짧아진다. 발상력과 함께 추진력이 생기는 것이다.

머리에 떠오른 재미있는 발상이나 엉뚱한 생각을 행동으로 옮겨보려는 추진력은 뒷날 놀라운 발견이나 발명, 새로운 사업을 구상하는 창조력의 바탕이 된다.

대부분의 기업에서 역동적인 발상과 창조력, 그리고 행동으로 옮기는 추진력을 갖춘 인재를 원한다는 점을 생각하면 아이의 엉뚱한 행동은 적극 권장해야 마땅하다.

남자아이의 발상력을 유감없이 키울 수 있는 분야가 요리이다. 여자아이의 요리가 기본에 충실하다면 남자아이의 요리는 기발하고 대담하다. 여자아이는 엄마가 준비해 준 야채와 햄으로 얌전히 볶음밥을 만들지만, 남자아이는 색깔을 내보겠다고 볶음밥 안에 간장을 투하한다. 요리를 하면서 이런 엉뚱한 생각들을 하다 보면 엄마들이 중요하게 생각하는 창의성 교육이 저절로 이루어진다. 그리고 나처럼 나이 먹고도 평생 엉뚱한 생각을 하는 어른이 된다.

사실 남자아이는 선천적으로 이런 능력을 타고난다. 그런데 다른 사람도 아닌 엄마에 의해 그 능력이 사장된다. 가령 아이가 정해진 놀이법이 아닌 다른 방식으로 놀려고 할 때 "그게 아니라 이렇게 하는 거야"라고 참견하는 것이다. 모처럼 아이가 자기만의 놀이법을 개발하려고 하는데 이렇게 끼어들면 아이의 창의성에 찬물을 끼얹는 셈이 되고 만다. 게다가 정해진 대로만 해야 한다며 아이를 틀에 맞추려고 하다 보면 아이는 독창성을 키울 기회마저 잃어버린다. 이런 행동은 남자아이의 장점을 일부러 없애는 것과 같다.

그런데 내가 이런 말을 하면 엄마들이 헷갈려한다. 훈육이 필요한 행동과 발상력을 위해 격려해줘야 할 행동을 어떻게 구분하느냐는 것이다. 이렇게 묻는 엄마들을 보면 대개 두 가지로 나뉘는데 우선 첫째로 '기분파형' 부모다. 즉, 평소에 일관된 태도로 원칙을 갖고 아이를 대한 것이 아니라 충동적으로 아이를 통제하는 경향이 있다는 것이다. 둘째로는 매사에 아이의 요구라면 무조건 들어주는 '과잉 허용형' 부모들이다. 기준 없이 아이의 말이라면 무조건 들어주는 것이다.

두 유형 모두 원칙과 일관성이 없다는 점은 매한가지다. 부모가 평소에 일관된 태도로 원칙을 갖고 대한다면 아이는 엉뚱한 행동을 하더라도 제가 알아서 적정한 선을 유지하며 논다. 평소 부모가 보인 일관된 태도를 통해 어디까지가 허용될 범위이고 어떤 것이 해서는 안 될 행위인지 알기 때문이다.

통제와 허용을 구별하기에 앞서 아이를 대하는 자신의 양육 태도를 점검해보자. 기준이 명확하면 아이의 엉뚱한 행동을 발상력 계발의 일환으로 삼는 것이 어렵지 않다.

남자아이의
호기심을
키우려면

아이가 크면 명문대를 졸업해서 대기업에 취직했으면 좋겠다고 생각하는 부모가 많다. 월급을 교육비에 쏟아 붓고 초등학교 저학년 때부터 학원에 보내는 것이 당연하다고 생각들을 한다.

하지만 일류대학을 나온 엘리트라고 해서 반드시 회사에 유익한 인재가 되리란 법은 없다. 소위 엘리트라고 불리는 사람 중에 호기심을 기르지 못하고 오직 머릿속에 지식만을 주입해온 사람이 많기 때문이다. 이들은 주어진 과제는 잘 해내지만 아이디어를 내거나 응용하는 작업이 서툴다.

주변 사물에 흥미를 갖고 '이상하네, 왜 그럴까?' 하고 탐구하는 행위는 창의력과 응용력을 낳는 원천이다. 직장생활에서는 이렇듯 호기심이 왕성한 사람이 능력을 발휘한다. 그렇다면 남자아이의 호기심을 키우려면 어떻게 해야 할까?

호기심을 키우는 일은 크게 어렵지 않다. 먼저 가능한 한 자연으로 데려가 살아있는 체험을 많이 시킨다. 나는 아이들, 특히 남자아이의 학습능력을 높여주는 것은 어린 시절에 자연에서 충분히 놀아본 경험이지 절대 조기교육이 아니라고 생각한다.

자연 속에는 아이의 호기심을 자극하는 것들이 넘쳐난다. 특히 자연 속에서 할 수 있는 체험 중 하나인 캠프는 호기심을 채우는 백미 중 하나다. 캠프에는 모닥불이 빠지지 않는다. 작은 나뭇가지를 모아놓고 불을 붙이고는 불을 더 크게 하기 위해 부채질을 하고 더 큰 장작을 구해 얹는다. 그런 원시적인 체험이 남자아이들을 매료시킨다. 장작을 어떻게 놓아야 잘 타고 불이 약해지면 어떻게 해야 하는지 불과 씨름하고 불을 제어하는 경험은 짜릿한 흥분과 재미를 준다. 장작이 활활 타오르면 어둠 속에서 타닥타닥 모닥불 타는 소리를 들으며 흔들리는 불꽃을 그저 바라본다. 그런 시간 역시 아이의 호기심을 강하게 자극한다.

이렇게 생생한 체험은 텔레비전이나 인터넷에서 영상을 보는 것과는 분명한 차이가 있다. 추체험(追體驗)을 할 수 있기 때문이다. 추체험이란 무엇일까?

가령 나비가 날고 있다고 치자. "와, 예쁘다" 하고 호기심이 발동하면 저도 모르게 발길을 멈추고 바라 볼 것이다. 그러다가 더 흥미가 생기면 가만히 다가가 날개의 색과 모양을 자세히 관찰한다. 손을 뻗어 나비를 잡으려고 하는 아이도 있을 것이다.

이런 행위가 바로 추체험이다. 흥미를 느낀 사물에 대해 지식을 얻고자 하는 욕구는 모든 인간의 섭리다. 호기심은 추체험에 의해 확고한 지식이 되고 더 깊은 호기심을 불러일으킨다. 나비를 예로 들면 이름을 알고 싶다고 생각하는 것은 한 차원 깊은 호기심이다. 추체험을 통해 나비에 대해 더 깊은 관심을 갖게 된 아이는 도감을 펼쳐보면서 또 다른 예쁜 나비가 있다는 것을 알게 된다. 이것이 확장돼 전 세계에 서식하는 나비에 흥미를 갖게 되기도 하고 나비의 생태에 관심을 갖게 될 수도 있다.

이처럼 호기심과 추체험이 거듭되면서 지성이 발달한다. 뛰어난 학자들이 인류의 역사를 바꿀 만한 위대한 발견과 발명을 이룰 수 있었던 것도 호기심과 추체험을 거듭했기 때문이다.

호기심을 불러일으키는 추체험은 텔레비전이나 인터넷에서

는 얻지 못한다. 아름다운 나비의 모습을 볼 수는 있어도 가까이 다가가거나 직접 만져볼 수 없기 때문이다. 그러면 기껏 생긴 호기심도 거기서 단절되고 만다.

더 자세히 말하면 똑같이 보는 행위에도 실제 체험에서는 다양한 부수 정보를 얻을 수 있다. 앞서 이야기한 모닥불의 경우 불꽃이 내는 열기나 연기 속의 훈향을 직접 느낄 수 있다. 매미가 성충이 되는 과정을 관찰한다면 맹렬한 더위와 모기의 공격을 이겨낸 일이 매미가 허물을 벗는 모습과 함께 기억에 남을 것이다. 또한 생생한 체험을 통해 얻는 기쁨은 아무리 선명한 영상이라고 해도 당해낼 수 없다. 감동의 깊이가 다르기 때문이다.

한 가지 덧붙여 부모도 아이가 느끼는 경이와 감동을 함께 공감하면 좋다. 초등학교에 입학하기 전부터 유념하면 더 좋겠지만 더 늦어도 상관없다.

"엄마, 저것 봐. 저녁노을이 엄청 예뻐."

집에 돌아온 아이가 이렇게 말한다면 함께 나가 저녁노을을 바라보자.

"와, 정말이네. 이렇게 아름다운 저녁노을을 보게 되다니! 감격이야, 고마워"라며 야단스러울 정도로 함께 놀라고 감동하자. 부모가 함께 공감해주는 것만으로도 아이의 감동은 더욱 깊고

선명하게 마음에 남는다.

때로는 부모가 먼저 "오늘은 별이 유독 잘 보이네. 은하수도 보이지 않을까?", "아파트 정원에 꽃이 예쁘게 피었던데 본 적 있니?" 하고 말을 건네도 좋다. "별로, 그냥 그런데 뭘" 하고 무뚝뚝한 대답이 돌아오는 일이 많겠지만 아이가 부모 말을 듣고 잠깐이라도 눈여겨보면 기억에 남을 것이다.

아름다운 것을 보면 호기심이 한껏 피어오른다. 동시에 그 감동과 경이가 감성을 낳는다. 이를 표현한 것이 예술이다. 즉 예술은 감성의 표현이다. 피아노나 바이올린 연주를 듣고 '완벽한 연주였지만 감동이 없다'고 느껴질 때가 있다. 연주자의 감성이 담겨 있지 않아서이다. 도기도 틀로 찍어 만든 공업제품과 작가의 혼을 담아 만든 작품에서 느껴지는 운치가 다르듯 말이다.

음악, 회화, 사진, 도예 등 모든 예술은 감성표현의 결정이다. 그러니 어릴 때부터 예술작품을 많이 보여주자. 그러면 호기심과 더불어 풍부한 감성을 기를 수 있다.

"예술에는 워낙 문외한이라……" 하고 말하는 엄마. 당신은 매일 요리를 하고 있는가? 그렇다면 문제없다. 엄마가 매일 만드는 요리도 감성표현의 하나이니 말이다.

'오늘은 날도 더운데 시원한 요리가 좋겠지?'

'학원 끝나고 오면 배가 고플 테니 고기 요리를 해야 할까?'

제철 재료로 음식에 계절감을 불어넣고 가족의 얼굴을 떠올리며 정성 들여 음식을 만든다. 솜씨의 차이는 있겠지만 냉동식품이나 가공식품 혹은 편의점에서 파는 도시락과는 차원이 다르다. 공장에서 만든 음식에는 감정이 녹아 있지 않다. 그래서 먹어도 크게 맛있다고 느끼지 못하는 것이다.

다만 주의해야 할 것은 아무리 맛있는 요리, 아무리 뛰어난 예술작품도 억지로 강요해서는 안 된다는 점이다. 아이 스스로 '이거 괜찮은데' 하고 느끼게 하는 것이 중요하다.

아프리카에서는 기쁜 일이 있으면 북 따위를 두들겨 기분을 표현한다. 그 리듬에 기분이 좋아지고 주위 사람들도 어느새 다같이 춤을 춘다. 저도 모르는 사이 기쁨에 전염되는 것이다. 이와 마찬가지로 아이가 자연스럽게 호기심을 갖게 만드는 것이 중요하다. 일본의 전통예술 노(能)를 완성한 제아미(世阿彌)가 제자들을 가르치는 것을 두고 한 말을 기억하자.

"첫발을 내딛으면 하고 싶은 대로 내버려 두고 좋고 나쁨을 가르치면 안 된다."

남자아이의 문제해결력을 키우려면

남성이 논리적인 사고를 즐긴다는 것은 앞에서도 이야기했다. 그 특성이 발휘되는 것이 문제해결력이다.

어떤 문제가 일어났을 때 이를 해결하기 위한 과정에는 크게 두 가지가 있다. 첫 번째는 A를 먼저 해결한 뒤 B의 문제로, B를 해결하면 이번에는 C로 넘어가는 식으로 헝클어진 실타래를 풀어나가듯 차근차근 논리적으로 해결하는 방법이다. 두 번째는 발상의 전환을 꾀하거나 역전시켜 단번에 해결하는 방법이다.

어느 것이나 남성들의 전매특허이다. 유일하다고 말할 수는 없지만 여성 앞에서 내세울 만한 능력이라는 것은 틀림없으므로 크게 키워줘야 한다.

문제해결력 역시 숱한 경험을 통해 기르는 수밖에 없다. 직면한 문제를 자기 나름의 방법으로 풀어가는 것이다. 이를 반복하다 보면 경험이 노하우로 축적되고 유연한 대처방법을 선택할 수 있다.

그런 경험을 쌓는 것이 바로 '놀이'이다. 근처 공원이나 공터에서 흙투성이가 될 때까지 놀던 내 어린 시절을 되돌아보면 매일매일이 사고의 연속이었다.

야구를 하다 옆집 유리창을 깼다!
아끼던 모자를 하수구에 빠뜨렸다!
나무에 오르다 가지를 부러뜨렸다!

그때마다 아이들끼리 머리를 맞대고 어떻게 해야 할지를 의논했다. 엄마에게 들키면 혼이 날 게 뻔했기 때문에 모든 문제는 스스로 해결해야만 했다. 한바탕 설전이 오간 끝에 기지를 발휘해 상황을 극복할 때도 있고 결국 들켜서 야단을 맞기도 했다.

결과야 어떻든 문제를 해결하는 능력은 그렇게 길러졌다.

하지만 요즘 아이들의 놀이에는 사건이라고 할 만한 일이 없다. 설령 있다 해도 대부분 게임 등 가상현실 속에서 벌어지는 일이다. 현실에서는 아무 일도 일어나지 않을뿐더러 리셋버튼만 누르면 즉각 해결된다.

그런 아이들의 문제해결력을 기르려면 거듭 말했지만 캠프나 체험 합숙 등 자연 속에 풀어놓는 것이 최선의 방법이다.

캠프는 두세 가족이 함께 갈 것을 권한다. 텐트를 치는 것부터 요리를 하고 모닥불을 지피는 것까지 전부 아이들에게 맡겨보자. 가급적이면 부모가 나서지 않고 아이들끼리 준비부터 정리까지 전부 도맡게 한다.

부모가 거들지 않으면 텐트를 치는 일부터 야단법석이 날 것이다. 그래도 내버려두라. 결과가 중요한 것이 아니라 텐트 폴을 잘못 세웠네, 위아래가 반대네 등등 이러쿵저러쿵 서로 머리를 맞대고 지혜를 짜내는 데 의의가 있다.

또한 캠프장처럼 잘 정비된 장소라도 사고는 있게 마련이다. 도마를 잃어버리거나 장작에 불이 붙지 않거나 바람이 강해서 텐트가 날아갈 뻔하는 일도 생길 것이다. 부모가 보기엔 아슬아슬하겠지만 문제가 생길 때마다 '이제 어떻게 하지?' 하는 고민

끝에 상황을 극복하면 그것이 하나의 자신감이 된다. 그런 경험을 가진 아이는 일상생활에서 문제가 생겼을 때에도 무조건 부모에게 기대지 않고 일단 스스로 해결하려고 할 것이다.

한편 아이가 안고 있는 문제 중에는 친구와의 다툼 등 대인관계 문제도 큰 비중을 차지한다. 이때 스스로 해결해 버릇하는 체험이 아이의 문제해결력을 길러주는 데 크게 도움이 된다.

초등학생 아이들끼리의 다툼은 노트에 낙서를 했다든지 지우개를 빌려주지 않았다는 등의 사소한 일로 빚어진다. 그렇기 때문에 해결방법도 비교적 간단하다.

이때 엄마가 나서서 해결해주는 경우가 종종 있는데 그래선 안 된다. 시간이 걸리더라도 아이 스스로 해결할 수 있도록 내버려두는 것이 좋다. 그런 경험은 중학교 시절에도 활용할 수 있으며, 중학교 때 얻은 경험은 다시 고등학교에서 도움이 된다. 나이를 먹을수록 문제도 복잡해지기 때문에 서서히 단계를 밟아나가는 것이 이상적이다.

그렇게 문제해결력을 기른 아이는 자신이 당사자가 아니더라도 중재자 역할을 맡는 등 자연스럽게 협력하는 자세를 배운다. 또한 문제가 커지기 전에 대책을 강구하는 데까지 생각이 미친다. 분위기 파악이 빠른 인간이 되는 것이다.

그런데 최근에는 아이들 다툼에 부모가 나서서 문제를 키우는 일이 빈번하다. 실제로 아이들의 다툼이 어느새 부모들끼리의 싸움으로 번지기도 한다.

부모가 끼어들면 당연히 아이는 문제해결력을 익힐 수 없다. 부모가 개입해야 할 문제도 있겠지만 가능한 한 아이의 능력을 믿고 지켜봐주자. 그리고 교육은 주기만 하는 것이 아니라는 것을 꼭 기억하자.

남자아이의
약점을 극복하는
네 가지 방법

그간 많은 아이들을 가르치면서 깨닫게 된 사실 중 하나는 세상에 완벽한 아이는 없다는 것이다. 전교 1등을 하고 예의 바르고 성격도 좋은 아이라도 직접 대해보면 남들은 모르는 약점이 꼭 한둘은 있다. 문제는 그 약점을 어떻게 관리하느냐이다. 약점을 잘 개선시켜주면 아이는 자신감을 얻어 더 큰 성장을 이룰 수 있고, 반대로 그 약점이 낙인처럼 남으면 평생을 따라다닐 열등감을 갖게 된다.

내 아이가 어떤 약점을 지니고 있는지 잘 생각해보고 이를 개선시켜줄 방법을 찾자. 다음은 내가 아이들을 가르치면서 경험으로 깨달은 네 가지 방법이다. 참고해보자.

1. 나약한 남자아이 씩씩하게 키우기

"두고 보자."

패배자의 마지막 한 마디이다. 말뜻만 따지고 보면 '언젠가 복수할 테다' 하는 한 맺힌 말로 들리지만 실은 여기에는 깊은 의미가 있다.

싸움에 진다는 것은 남자로서 상당히 굴욕적인 일이다. 시험 점수로 라이벌에게 지는 것보다 몇 배는 더 분하다. 여기서 울면서 돌아서봤자 더욱 비참한 기분만 들 것이다.

"오늘은 이쯤에서 물러나지만 이겼다고 생각하지 마라. 오늘의 수모는 반드시 갚아줄 테다."

울분을 토해내듯 말하고 스스로 의지를 불태운다.

아이에게 가르쳐야 할 것은 바로 이런 불굴의 정신이다. 야구든 축구든 위기에 강한 팀과 약한 팀이 분명하게 갈리는 이유가 무엇인지 생각해본 적 있는가? 그것은 지도자나 부모가 '두고 보자'는 정신을 가르쳤는지 그렇지 않은지의 차이이다. 시합에 지면 분한 마음을 독려한다.

"오늘은 졌지만 너희들은 충분히 이길 수 있는 실력이 있다. 다음에는 꼭 승리의 기쁨을 누리자."

그러면 아이들은 시합에 위기가 닥치더라도 패배의 쓴맛을 교훈 삼아 가지고 있는 실력, 어쩌면 그 이상의 힘을 발휘한다. 반대로 "너희들은 글렀다. 그런 상황에 실수를 하다니" 하는 비난을 들으면 패배의 늪에 빠지고 만다.

'또다시 실수를 하면 어쩌지? 전처럼 지는 것이 아닐까?'

그런 생각에 움직임도 점점 위축되고 끝내 패배를 스스로 불러들이는 결과를 낳는다. 반면 프로무대에서 활약하는 선수들은 시합에 지면 "다음 시합에 열중하겠다"는 말을 자주 한다. 이것도 '두고 보자' 정신의 표현 방법 중 하나이다.

어떤 일류선수라도 시합에 질 때가 있다. 우승을 노렸지만 허망하게 초전박살이 나기도 한다. 때로는 정규선수로 뽑히지도 못하거나 부상으로 중요한 시합에 나가지 못하는 경우도 있다. 하지만 그때마다 '두고 보자'는 정신을 가슴 깊이 품었기에 프로가 될 수 있었다.

하지만 요즘은 승부에 도전하는 경험조차 해보지 못한 아이가 많다. 왜곡된 '평등정신'으로 순위를 매기지 않는 달리기 시합이나 아이들 전원이 주인공인 학예회와 같은 부자연스러운 교육이 이어지고 있다. 나약하고 근성이 부족한 아이들이 늘어나는 이유도 그 같은 잘못된 평등주의의 폐해 때문이다.

나는 오히려 아이들이 더 많은 실패를 경험해야 한다고 생각한다. 어린 시절의 실패는 어른 사회에 비하면 대수롭지 않은 일이다. 운동회에서 1등을 놓치거나 학예회에서 하고 싶은 역을 맡지 못하는 정도이다. 하지만 그렇듯 억울하고 분한 마음의 통증을 극복해가는 경험이 아이를 강하게 만든다.

작은 파도에서 훈련하면 큰 파도가 와도 넘을 수 있지만 훈련도 하지 않고 갑자기 큰 파도를 만나면 파도에 휩쓸리고 만다. 실패를 경험한 아이가 괴로움에 몸부림치고 있을 때에는 위로의 말을 건네고 다시 일어날 용기를 주자.

"힘든 건 지금뿐이야. 아무리 괴롭고 분한 기억도 내일이면 희미해질 테니 긍정적으로 생각하자."

"너에게만 있는 일은 아니야. 누구나 힘든 일을 겪는단다. 엄마도 그랬어."

"오늘 안 되면 내일 하면 돼. 내일도 안 되면 모레가 있잖니. 그렇게 생각하고 조금씩 앞으로 나가는 거야."

이렇게 위로의 말을 건네고 아이를 격려하도록 하자.

2. 말주변 없는 남자아이 당당하게 키우기

"우리 애는 말주변이 없어서 큰일이에요. 자연스러운 의사소통 능력을 키우려면 어떻게 하면 좋죠?"

남자아이를 키우는 엄마에게 이런 상담을 받을 때가 있다. 의사소통 능력은 인간이 살아가는 데 무엇보다 중요한 능력이다. 이것만 있으면 어디서든 살아갈 수 있다. 그만큼 노력해서 익혀야 할 능력이라고 생각한다.

그런데 말주변이 없다고 의사소통 능력이 없는 것은 아니다. 지인 중에 악기회사의 영업사원으로 일하는 사람이 있다. 그는 동료들과 모임이 있을 때도 말을 거의 하지 않을 정도로 말주변이 없다. 그런데 영업실적은 항상 최고의 자리를 내준 적이 없다. 어째서일까?

그는 다른 사람의 이야기를 잘 듣는다. 처음 만나는 고객의 이야기도 꾸준히 경청한다. 그의 고객 중 특히 노인들은 자신의 이야기를 들어주는 것만으로도 기뻐한다. 예전 집에는 피아노가 있어서 아이와 함께 피아노를 치는 것이 낙이었다는 등의 옛날 이야기를 웃음 띤 얼굴로 들어준다.

그가 입을 여는 것은 상대에게서 질문을 받았을 때이다. 워낙 말주변이 없지만 성심성의껏 대답한다. 그는 본래 피아니스트를 꿈꿨지만 자신에게 재능이 없다는 사실을 깨닫고 지금의 직업을 갖게 되었다고 한다. 그런 좌절의 경험도 누가 물으면 숨김없이 이야기한다고 한다.

고객의 입장에서는 자신의 이야기를 들어주고 상대방의 품성도 알게 되면 신뢰감과 친근감이 생긴다. 처음에는 피아노를 살 생각이 없던 사람도 '이런 사람에게라면 사도 괜찮지 않을까?' 하는 심리가 작용하는 것이다. 그의 고객들에 따르면 '마침 손주 녀석이 피아노를 배우고 싶다고 했는데 기왕 이렇게 됐으니 한 대 살까' 하는 생각이 든다고 한다.

의사소통이란 마음과 마음의 캐치볼이다. 상대의 마음을 헤아리고 자신의 마음을 전달하는 것이다. 마음이 통하는 것이 중요할 뿐 말은 그 과정을 위한 도구에 지나지 않는다.

말을 잘하든 못하든 중요한 것은 따뜻한 마음과 거짓말하지 않는 성실한 인품 등의 인간적인 매력이다. 그것이 곧 의사소통의 기본이다.

말주변이 없으면 앞에서 이야기한 영업사원처럼 남의 말을 잘 들어주면 된다. 여자 친구를 사귈 때에도 이야기를 잘 들어주는 남자가 신뢰를 얻는다. 의미 없는 수다도 잘 들어주는 것이 상대방의 기분을 좋게 한다. 엄마의 비논리적이고 감정적인 이야기도 잘 참고 듣는 남자아이라면 내세울 만한 특기 중의 특기를 가진 게 아닐까? 실제로 그런 남자아이는 여자 친구의 이야기를 잠자코 듣는 것을 고통스러워하지 않는다.

다만 면접시험장이라면 사정이 다르다. 면접관은 자기 이야기를 들어주길 바라는 것이 아니라 수험생 혹은 취업생에게 질문을 하고 그 대답부터 이야기하는 태도, 표정, 내용 등을 종합적으로 판단해서 우열을 가린다. 당연히 자기소개를 잘하는 것이 좋다. '우리 학교, 우리 회사에 꼭 필요한 인재'라는 인상을 심어주어야만 한다.

즉 면접에서 요구하는 의사소통 능력은 상대를 설득하는 국어력이다. 국어력은 반복연습 외에는 비법이 없다. 모의면접 등으로 기술을 익히는 것도 중요하지만 평소 엄마가 주의해야 할 점은 부모를 설득할 기회를 늘리는 것이다.

예를 들어 아이가 컴퓨터를 사고 싶다고 조르면 "엄마, 아빠가 네게 컴퓨터를 사주고 싶도록 설득해 봐" 하고 권한다. 그러면 아이는 컴퓨터가 어떤 도구이며 왜 자신이 컴퓨터가 필요한지를 논리적으로 설득해야 한다. "다른 애들도 갖고 있으니까" 하는 이유로는 설득할 수 없다. 면접 훈련으로도 안성맞춤이다.

3. 쉽게 질리는 남자아이 끈기 있게 키우기

실은 나도 끈기가 없고 싫증을 잘 내는 성격이다. 쉽게 싫증을 내는 것은 어느 누구 못지않다. 그런 내 생각에 사람이 싫증을 내는 이유는 단순하다. 단지 그 대상이 재미없기 때문이다. 하지만 질리지 않고 꾸준히 할 수 있는 일이 어딘가에 반드시 있게 마련이다. 나 역시 벌써 수십 년 넘게 교사로 일해 왔다. 문학에도 질리지 않고 캠프는 갈 때마다 새로운 발견이 있어서 점점 더 빠져든다.

다시 말해 쉽게 질리는 아이를 걱정할 것이 아니라 그 아이가 싫증내지 않고 꾸준히 할 수 있는 일을 찾게 하면 된다. 그러려면 되도록 다양한 일에 도전하게 만들어야 한다. 선택지는 수없이 많으므로 반드시 찾을 수 있다. 참고로 나는 예나 지금이나 여전히 금방 싫증을 내는 성격이지만 늘 무언가 새로운 일에 도전하기 때문에 하루하루가 새롭고 신선하다.

또한 싫증을 내는 성격이 꼭 나쁘다고만은 할 수 없다. 대상이 여성이라면 달콤한 꾐에 넘어갈 일도 없고 인연이 없어서 헤어지더라도 금방 잊을 수 있기 때문에 미련 없이 마음 정리가 된다. 싫증을 잘 내는 성격이 경우에 따라서는 자신에게 득이 될 수도 있다는 것도 말하고 싶다.

4. 어리버리한 남자아이 야무지게 키우기

시간 약속을 지키지 못한다거나 물건을 잘 잃어버리는 것은 개인의 문제이기는 하지만 대체로 남자아이에게 많다.

실제로 내 사무실에서 일하는 대학생들도 여학생들은 대부분 지각을 하지 않는 데 반해 남학생들은 "시간을 잘못 알았다"는 등의 변명을 늘어놓으며 태연하게 지각하기가 일쑤다. 맡은 일을 기한 내에 딱 맞춰서 하는 것도 역시 여학생이다. 남학생은 기한이 다 되도록 내버려두는 바람에 업무도 엉망이 되고 결국 누군가 다시 해야 하는 사태를 빚기도 한다.

하지만 칠칠치 못하고 게으른 성격은 타고나는 것이 아니라 습관 때문이다.

여자아이의 경우 몸가짐을 단정히 하라는 말을 어릴 때부터 귀에 못이 박이도록 들어왔기 때문인지 뭐든 깔끔하게 하려는 태도가 몸에 배어 있다. 그에 비해 남자아이는 적당히 칠칠맞은 것도 남자아이의 특성이라며 그냥 지나치고 내버려두는 예가 많다. 학교에서도 지각하는 친구들이 많으니 조금 늦어도 크게 신경 쓰지 않는다. 과제를 제때 내지 않는 아이도 흔하다.

이렇듯 시간을 잘 지키지 못하는 아이는 대체로 방도 어질러져 있고 공부도 못한다. 시간, 공부, 정리정돈의 세 가지는 절묘

하게 연결된다. 가령 아침에 일어나는 것이 힘들어서 지각하는 아이는 방 청소도 힘들다며 뒤로 미룬다. 공부도 힘드니까 나중으로 미룬다. 편한 것만 좇는 습관이 몸에 밴 것이다.

단언컨대 그런 나쁜 습관이 생기는 것은 부모의 태도 때문이다. 좋은 습관을 지닌 아이라고 해서 처음부터 혼자 씻거나 제때 목욕하는 습관이 있었던 것은 아니다. 부모가 습관이 되도록 가르친 것이다.

일곱 살 정도까지는 부모가 절대적인 존재이기 때문에 다소 떼를 쓰더라도 결국에는 말을 듣게 만들 수 있다. 하지만 반항기에 들어서면 "그걸 왜 해야 해?"라며 반론을 펴거나 잔꾀를 부리기 시작한다.

그렇다고 아예 방법이 없는 것은 아니다. 앞에서도 이야기했듯 스스로 고생을 해보도록 하면 된다. 도시락을 두고 와서 배가 고프거나 집합시간에 늦어 시합에 나가지 못하는 등 자기 행동으로 인한 결과가 어떠한지 스스로 겪도록 해보는 것이다.

남자는 고생을 해보지 않으면 학습하지 않는다. 특히 반항기에 돌입해 자립을 준비하는 아이에게 부모의 충고는 아무 소용이 없다. 경험만이 아이를 바꾸게 하는 유일한 무기이다.

친 구 가 없 는 아 이 괜 찮 을 까 ?

혼자서도 재미있게 논다면 이상 무!

아이가 늘 혼자만 지내고, 친한 친구가 누구냐고 물어봐도 대답이 없다면 부모는 무척 속상할 것이다. 친구를 대신해 줄 수도 없고 그렇다고 장난감을 사다줄 수도 없는 노릇이니 말이다.

하지만 사실 친한 친구가 없다고 해서 크게 걱정할 필요는 없다. 초등학교 때에는 어느 한 사람과 깊은 관계를 맺기보다는 여럿이 두루두루 친한 경우가 많고, 정말 친한 친구가 있더라도 수시로 바뀌기 때문이다.

또한 친구가 없거나 혼자 노는 것을 즐긴다고 해서 사회성이 없다고 판단해서도 안 된다. 학교라는 공동체 안에서 자기 역할을 잘 수행하고 있고, 집단 안에서 어떤 갈등 상황에 놓였을 때 큰 문제없이 해결해 나간다면 아이는 제 속도에 맞춰 성장하고 있는 것이다.

사실 정말 마음을 나눌 친구를 만드는 데에는 상당한 기술이 필요하다. 정서발달이 빠른 여자아이라도 초등학교 3~4학년은 돼야 가능하고 평범한 남자아이라면 중학생이 되어서야 진짜 친구를 사귀게 되는 경우도 많다.

따라서 아이에게 친구가 없어 보이더라도 아이가 평소 행동에 크게 문제를 보이지 않는다면 지켜봐주기를 권한다.

특히 다른 아이들에 비해 늦된 아이라면 그 특성에 맞게 서서히 친구와 어울리게 해주어야 한다. 이런 아이에게 자꾸만 "너는 왜 친구가 없니?" 하고 몰아붙이면 자신감을 잃고 위축될 가능성이 있다.

이때는 먼저 아이가 혼자 있을 때 어떻게 지내는지를 살펴봐야 한다. 혼자 있을 때 책을 읽거나 그림을 그리거나 뭔가를 만드는 등 어떤 것에 몰입한다면 크게 문제가 없다고 봐도 좋다. 오히려 아이는 그 시간을 통해 자기 능력을 계발할 수 있다.

오히려 문제가 되는 것은 부모의 선입견이다. '친구가 없으면 안 된다'는 고정관념 때문에 자꾸 친구를 만들라고 강요하면 오히려 아이와 갈등만 커진다. 또한 아이는 혼자 노는 것을 나쁜 것으로 인식해 자신감을 잃게 된다.

하지만 아이가 혼자 노는 것을 즐기지 않고 스트레스를 받는 눈치라면 그때는 나서서 도와주자. 아이가 친구를 사귀려면 의사소통 능력, 신체적 능력 등 일정 수준을 갖춰야 한다. 먼저 아이가 친구 사귀기에 부족한 면이 있는지 면밀히 점검하고 부족한 아이의 능력을 메워주자.

단 하나, 조급한 마음에 아이에게 억지로 친구를 만들어주려고 하지는 말자. 부모가 앞장서서 친구들을 초대하고 억지로 놀이터에 데리고 나가 또래 아이들과 어울리게 하는 등 아이 성격과 맞지 않는 것을 자꾸 강요하다보면, 결국 아이는 혼자 노는 것은 이상하고 나쁜 것이라는 생각을 하게 돼 자존감에 타격을 입게 된다. 부모가 아이를 외톨이로 만드는 격이다.

그러니 아이 스스로 나설 때까지 가만히 기다리면서 조력자 역할을 하는 것에 만족하자. 아이 교육에 있어서는 무엇이든 자연스러운 것이 좋다.

이 시대 대부분 사람들 중
하고 싶은 일을 하면서 사는 사람은 그리 많지 않다.
많은 부모들이 자신은 원하는 대로 살지 못하면서
아이들에게는 '하고 싶은 일'을 하며 살라고 한다.
공부를 시킬 때도 그 이유를 "하고 싶은 일을 하기 위해서"라고 말한다.
아이가 어른들의 삶을 답습하지 않으려면 가장 먼저
아이 스스로 하고 싶은 일을 찾도록 도와줘야 한다.
그 무엇이든 자신이 정말 좋아하고 몰입할 수 있는 일이 있다면,
그로 인해 아이의 삶은 한층 풍요로워진다.

제 5 장

아이의 행복을
바라는 당신에게

부모가 반드시 알아야 할 행복교육철학

내 아이의 행복한 미래를 위해

교육의 목적이 '아이의 행복한 미래'에 있다는 생각은 누구나 공감할 것이다. 당신이 이 책을 손에 든 이유도 바로 그것 때문이라고 생각한다.

'아이에게 행복한 미래를 안겨주고 싶다.'

'아무쪼록 훌륭히 성장해서 행복한 삶을 누리기를 바란다.'

부모라면 누구나 그렇게 바랄 것이다. 하지만 오늘날 우리는 사회적 지위나 부를 얻기 위한 학력 향상에만 혈안이 된 나머지 교육의 본질인 아이의 행복에 대해서는 뒷전으로 미루고 있다. 이는 우리 스스로 자신의 가치관을 세상의 가치관에 끼워 맞추며 살고 있는 탓일지 모른다. 또 안정된 삶이 오래 지속되면서 판단력이나 '당사자'로서의 의식이 옅어졌기 때문인지도 모른다. 아니, 어쩌면 처음부터 행복한 미래, 아니 그보다 행복한 삶이 무엇인지 진지하게 생각해보지 않았는지도 모른다. 그러니 내 아이의 미래의 행복에 대해서도 막연한 답만 가질 따름이다. 내 아이가 행복하길 바란다고 말하면서도, 정작 아이의 행복이 무엇인지, 그 행복을 위해 무엇을 해야 하는지 구체적인 답을 모르는 것이다.

그런 부모들을 위해 필자가 그간의 경험을 통해 얻은 '행복교육철학'을 간단히 정리하고자 한다. 철학이라는 거창한 말을 쓰긴 했지만, 사실 지극히 현실적인 이야기이다. 오늘날 아이 문제로 고심하는 모든 부모들에게 작은 도움이 되기를 바란다.

하고 싶은 일을 하는 아이로 키우자

먼저 행복이 무엇인지 생각해보자. 행복에 대한 가치와 정의는 그 시대가 추구하는 가치관에 따라 다르다. 현대에 와서는 행복에 대해 다양한 정의가 내려지고 있는데, 종합적으로 보자면 인간의 행복은 크게 단기적 행복과 장기적 행복으로 나눌 수 있다. 그리고 이 둘의 체험 결과가 합쳐져 행복과 불행을 결정한다. 단기적 행복감은 배부르다(공복이 아니다), 즐겁다(유쾌하다), 기분 좋다(쾌적하다), 평화롭다(안전하다) 등으로 나타나는데, 어떤 면에서는 동물적인 욕구이기 때문에 현대사회에서는 누구든 얻고자 하면 비교적 쉽게 단기적 행복감을 손에 넣을 수 있다.

한편 장기적 행복감은 '내가 하고 싶은 일을 하고 있다', '사랑하는 사람과 화목한 가정을 이루었다', '남에게 도움이 되고 있다' 등으로 나타난다. 심리학계에서는 십수 년간 행복에 관한 연구가 진행되고 있는데, 이에 따르면 행복은 '한 사람이 자신의 삶의 질에 대한 평가가 얼마나 긍정적인가'에 따라 결정되며, 이를 위해 사람은 자발적으로 하고 싶은 일을 하며 사는 것이 중요하다고 한다.

그런데 많은 사람들이 시간이 없어서 하고 싶은 일을 못한다고 말한다. 하고 싶은 일을 하려면 그에 따른 시간이 필요한데, 당장 해야 할 일이 많으니 시간을 낼 수 없다는 것이다. 하지만 곰곰이 생각해보자. 정말 시간이 없어서일까? 실은 여유시간이 생겨도 무엇을 해야 할지 몰라 하릴없이 시간을 허비하지는 않나? 누군가 이익을 얻기 위해 만든 물건이나 장소로 눈길을 돌리며 말이다.

대부분의 사람은 사실 시간이 있어도 그 시간을 자기가 원하는 대로 보내지 못한다. 즉, 시간이 있어도 하고 싶은 일을 찾지 못하는 것이다. 진짜 하고 싶은 일은 다른 시간을 쪼개서라도 하고 싶게 마련이다.

부모들 상당수가 본인들은 이런 삶을 살면서 아이들에게는 '하고 싶은 일을 하는 삶'을 권한다. 공부를 시킬 때도 그 이유를 "하고 싶은 일을 하기 위해서"라고 말한다.

아이가 지금 어른들의 삶을 답습하지 않게 하려면 가장 먼저 아이 스스로 하고 싶은 일을 찾도록 해야 한다. 그것은 비단 미래의 직업이나 전공과 관련한 것이 아니어도 좋다. 그 무엇이든 자신이 정말 좋아하고 몰입할 수 있는 일이 있다면, 그로 인해 삶이 풍요로워진다.

하지만 하고 싶은 일이라고 해서 도박이나 게임, 술 등 단순한 쾌락을 위한 것들은 해당되지 않는다. 이런 것들은 삶의 질적 향상이나 궁극적인 발전에 아무런 도움이 되지 않는다. 뿐만 아니라 이런 것들은 일순간 만족을 주지만 그 순간이 지나면 오히려 허무감과 불행감을 불러일으킨다. 그리고 허무감과 불행감에서 벗어나려고 더욱 쾌락을 추구하게 되어 이른바 '중독'을 불러온다.

삶에 지속적인 행복감을 주려면 그 '하고 싶은 일'이 자기 향상에 도움이 되고, 하면서 보람을 느낄 수 있는 것이어야 한다. 아이에게 그런 일을 찾아주는 것은 별로 어려운 일이 아니다. 넘쳐나는 아이의 호기심을 꺾지만 않으면 된다. 호기심은 아이 고유의 본성이다.

자발적으로 우러나오는 아이만의 호기심이 추체험(앞에서도 이야기했지만 호기심을 확장시키는 체험을 말한다)으로 이어지도록 도와주자. 추체험을 통해 경험을 쌓고, 그 경험 속에서 아이는 자신이 무엇을 원하는지, 무엇을 할 때 가장 즐거운지 스스로 깨닫게 된다.

미리 예측해보는 20년 뒤 결혼상

사람이 행복하려면 하고 싶은 일을 해야 한다고 말했다. 그 다음 행복을 위해 생각해 볼 문제는 결혼해서 세대교체를 하는 일이다. 생물학적 차원의 주장이 아니다. 결혼해서 세대교체를 한다는 것은 사랑하는 배우자를 만나 아이를 낳고 안정적인 가정을 이루는 것을 말한다.

이 책을 읽는 사람들은 대부분 결혼을 해 아이를 키우고 있을 것이다. 그러므로 이미 세대교체를 이루어 행복의 조건 하나를 손에 넣었다고 할 수 있다. 그렇다면 우리 아이들은 어떨까?

세상은 무서운 속도로 변하고 있다. 그중에서 가장 크게 변한 것 중 하나가 여성의 지위이다. 가정에서의 권한, 사회 진출을 비롯해 그 밖의 많은 면에서 여성이 이렇게까지 강한 존재감을 드러낸 적은 없었다.

지금도 대다수 남편들이 아내에게 주도권을 내주고 있다. 안타깝지만 나 역시 이 사실을 인정할 수밖에 없다. 저출산화로 여성의 육아 부담이 줄고 활동적이 되었으며 계속되는 출산율 저하로 귀한 아이를 낳아 기르는 엄마로서 그 존재감이 커졌다.

사회에서 역시 각 분야마다 여성 리더의 활약이 눈에 띄게 커지고 있으며, 전처럼 강압적인 리더십보다 남을 배려하고 이끌 줄 아는 여성적 리더십이 대세가 되고 있다.

또한 교육현장 역시 극히 예외적인 경우를 제외하고는 여자아이들이 주도권을 쥐고 있다. 선생님에게 저항하는 교실 붕괴(학급 붕괴)의 배후에도 사실 여자아이들이 있다. 권력을 쥔 여자아이들이 용인하지 않는 한 남자아이들은 선생님에게 반항조차 할 수 없다고 한다.

특히 초등학교 시기에는 학습 면에서도 여자아이들이 남자아이들보다 월등하기 때문에 남자아이들은 상대적으로 주눅이 들 수밖에 없다. 여자아이들은 대부분의 남자아이를 "일도 못하고 책임감도 없는 칠칠치 못한 애들"이라며 경시한다.

여기에는 남자아이들을 '얕보는 시선'이 있다. 어떤 의미에서 남자에게 기대하는 바가 줄었기 때문에 꽃미남이 유행하는 것이라고도 말할 수 있다.

그런 가운데 운동이 특기인 데다 공부도 잘하고 공동작업을 할 때도 믿음직한 일부 남자아이들은 호감을 얻을 수밖에 없다. 여기에 악기를 잘 다루는 등의 재주가 있다면 더욱 후한 점수를 얻을 수 있다.

여자아이의 눈은 점점 까다로워지고 있다. '시시한 남자와 사귀느니 여자들끼리 수다나 떠는 편이 훨씬 낫다, 형편없는 남자와 결혼하느니 독신으로 살겠다'고 생각하는 아이도 있다.

남자아이를 키우는 부모에게는 여간 걱정스러운 일이 아니다. 여성의 최종학력이 높아질수록 혼기가 늦어지고 저출산화가 심화되는 것은 전 세계 공통의 문제이다. 현 상황에서 보면 그러한 경향은 점점 더 가속화할 것이다. 게다가 여성은 이제 혼자 일하고 벌어서 생활을 꾸릴 수 있다. 한마디로 '남자 따윈 필요 없다'는 말이다.

그래도 남성과 결혼을 해야 아이를 낳을 수 있지 않느냐고? 나는 이런 의견에도 찬성할 수 없다. 오히려 자식을 얻기 위해 반드시 결혼해야 하는 쪽은 남성이지 여성이 아니다.

굳이 말하자면 여성은 결혼하지 않아도 아이를 낳을 수 있다. 심지어 아이가 생긴 뒤에 이혼하는 여성도 늘고 있다. 여성의 마음에 차지 않는 남자는 여지없이 버려진다. 그래도 양육비는 부담해야 한다.

지금도 이러할진대 미래 사회의 남녀관계는 어떨까? 미혼 남녀는 점점 늘어가는 가운데 자녀가 없는 여성은 큰 변화가 없고 자녀가 없는 남성이 점점 많아질 것이다. 좀 더 구체적으로 말하면, 남성은 세대교체를 하기 힘들거나 자녀를 키우는 기회조차 얻지 못하게 될 가능성이 크다.

그리고 반드시 유념해야 할 사실은 여성이 지금보다 훨씬 강해진다는 점이다. 요즘도 초등학생 남자아이에게 물으면 입을 모아 "여자애들은 무서워요!"라고 대답한다. 이런 상황을 경계하지 않는 부모들은 아직까지 현실을 직시하지 않는 사람들이다.

내 아들을 '인기남'으로 만들려면?

지극히 단순한 결론이지만 미래 사회에서 남자가 세대교체에 성공하려면 여성에게 인정받아야 한다. 아들을 키우는 부모 입장에서는 억울한 일이지만 타임머신을 타고 과거의 가부장적 시대로 돌아가지 않는 한 어쩔 수 없다. 그러니 지금부터라도 내 아들이 여성에게 인정받는 배우자가 될 수 있도록 키워야 한다.

이런 현실 때문에 '인기'라고 하는 교육과는 다소 동떨어진 분야까지 언급하게 되었지만 그냥 넘길 수 없는 문제이므로 문외한의 짧은 소견이라 생각하고 너그럽게 읽어주기 바란다.

먼저 앞에서 이야기한 꽃미남이 유행하는 이유는 세상에 매력적인 남자가 줄어들었기 때문이라고 말할 수 있다. 요새는 '초식남'이라는 말이 유행할 만큼 남성적인 에너지를 발산하지 못하는 남자들이 많다. 남성 특유의 에너지가 얼굴에 드러나지 않는 것이다.

본래 남성이 멋져 보일 때는 무언가에 열중하고 있을 때이다. 가령 운동할 때처럼 말이다. 반대로 컴퓨터나 텔레비전을 멍하니 들여다보는 얼굴을 멋있다고 생각하는 여성은 없다. 그런 얼굴은 굳이 말하자면 '생각 없는 사람'으로 비칠 가능성이 크다.

그렇다면 인기남이 갖추어야 할 것은 무언가에 집중할 때 보이는 진지한 표정이다. 텔레비전이나 컴퓨터 모니터 등을 바라볼 때가 아닌, 의미있는 일에 집중하고 있을 때의 표정 말이다.

여성들에게 운동을 하는 남성이 집 안에만 틀어박혀 있는 남성보다 비교적 멋있게 보이는 것도 그런 이유에서다. 악기를 다루는 것도 마찬가지이다. 여자들은 진지한 얼굴로 피아노나 바이올린을 연주하는 남자들에게 매력을 느낀다. 공통점이라면 둘 다 무언가에 깊이 집중한다는 점이다. 인기 있는 남자가 되는 첫 번째 조건은 평소 얼굴에 드러날 만큼 깊이 집중할 수 있는 대상을 갖는 것이다.

미혼 여성을 대상으로 한 설문조사에서 '어떤 남성을 결혼상대자로 선택하고 싶은가?'를 물으면 으레 상위권에 오르는 답변이 '자신의 일에 열정을 쏟는 사람'이다.

내 아들은 과연 무엇에 열중하고 있을 때 멋있어 보이는지 한번 자세히 관찰해보자. 아이가 진심으로 열중하고 얼굴 표정까지 밝아질 만한 일을 찾아주는 것, 그것이 미래에 있을 세대교체에도 도움이 된다.

인기남은 경청하는 습관이 배어 있다

이번 장에서는 아이의 행복한 미래에 대해 다루고 있지만 '인기남'에 대해 조금 더 쓰는 것을 허락하기 바란다. 그만큼 아이의 행복에 세대교체가 중요하게 작용하기 때문이다.

인기남의 두 번째 조건은 '여성과 즐겁게 이야기를 나눌 수 있는 사람'이다. 어쩌면 남자아이들에게 공부보다 더 어려운 일일지 모른다.

여성이 대화가 잘 통하고 즐거운 남성과 함께하고 싶어 하는 것은 당연하다. 그런데 도대체 대화가 잘 통한다는 것은 무슨 말일까? '최대한 막힘없이 술술 이야기한다?' 하지만 말을 아무리 잘 한다 한들 어지간히 화제가 다양하고 재미있지 않는 한 오히려 역효과를 낼 수 있다.

요컨대 포인트는 이야기를 잘 들어주는 것이다. 그것도 적당히 맞장구를 쳐가며 대화를 오래 이끌어가는 것이다. 이를 실천할 수 있다면 여자에게 선택받을 가능성은 크게 높아진다. 하지만 여자형제들 틈에서 크지 않는 한 그런 능력을 기르기란 여간 어렵지 않다. 하물며 외동아들이라면 거의 기적이나 다름없는 일일 것이다.

그렇다고 아예 방법이 없는 것은 아니다. 학습에는 '거울 효과'라는 말이 있다. 거울을 보는 것처럼 어떤 대상을 보고 그대로 배운다는 말이다. 남의 말을 어떻게 들어줘야 하는지를 부모가 먼저 보여주자. 먼저 아이의 말을 잘 들어주는 부모가 돼라. 아이는 자신이 무슨 말을 쏟아내든 일단 끝까지 들어주는 부모를 보며 자연스럽게 경청하는 자세를 배운다. 단순히 말을 듣는 법이 아니라 상대방과의 눈 맞춤, 고개를 끄덕이며 공감하는 태도 등 누군가의 말을 들을 때 상대방의 마음을 편하게 해주는 법을 부모의 태도에서 배우는 것이다.

경청하는 태도와 함께 솔직하게 말하는 법까지 갖춘다면 금상첨화다. 남자들에겐 기본적으로 허세가 있다. 무슨 말을 하든 과장을 섞어가며 자신을 뽐내려드는데, 영리한 여자들이 이런 태도를 눈치채지 못할 리 없다. 그런 남자와는 대화를 하더라도 건성일 수밖에 없다.

여성은 기본적으로 부드러운 어투로 솔직하게 진심을 전하는 남자를 좋아한다. 내 아이를 그런 남자로 만들려면 엄마의 의식적인 노력이 필요하다. 솔직하게 이야기하는 편이 결과가 좋다는 것을 생활 속에서 깨닫게 하는 것이다. 특히 평소 아이에게 훈육을 많이 하는 엄마라면 이 점을 유념해야 한다. 그리고 아이와 대화할 때 언성을 높이는 버릇을 없애자. 화가 나면 자연적으로 목소리가 커지겠지만 아이에게 좋은 언어습관을 가르치려면 지양해야 한다.

결론을 내자면 남자아이는 엄마와의 대화를 통해 남녀 대화의 기본을 익히기 때문에 무엇보다 모자간의 의사소통법이 중요하다. 달리 말해 이것은 엄마와 아이가 함께 국어력을 기르는 작업이라 할 수 있다. 평소 아들과 대화를 어떻게 하는지 생각해보자. 무언가 잘못하고 있다면 서둘러 바로잡자.

집안일 잘하는 남자로 키우자

이번에는 결혼에 성공했지만 여성에게 외면 받는 남자에 대해 이야기해보자. 여성의 영향력이 커진 미래 사회에서 과연 어떤 남성이 버림받는지에 대해서다.

최근 이혼하는 사람이 점점 늘고 있는데 여자 쪽에서 먼저 원하는 경우가 많다. 앞서 말했듯 이는 여성의 지위 향상과 관련이

깊다. 그런데 내가 보기에 외도가 아닌 다른 이유로 아내에게 이혼당하는 남성들을 보자면 한 가지 공통점이 있다. 바로 집안일을 못한다는 점이다. 소위 마마보이라 불리는 이들은 하나부터 열까지 부모의 지극한 보살핌을 받으며 살아왔다.

요즘 여성들은 당당히 자립해서 자신의 일을 하고 있다. 남의 뒤치다꺼리를 할 생각은 추호도 없다고 봐야 한다. 그런데 그런 여성들도 내 아이라면 지극정성으로 보살핀다. 그래서는 아이에게 평생 자립심을 길러줄 수 없다. 또한 그렇게 자란 남자아이들은 대개 집안일을 못하는데, 바로 그 이유 때문에 배우자로서 인정받지 못하게 된다. 즉, 앞으로 집안일을 하지 않는 남성은 버림받을 가능성이 높다. 귀한 내 아들 손에 물을 묻힐 수는 없다고 생각하는가? 그런 생각이 당신의 아들을 독신남으로 만들 것이다.

이제부터라도 집안일을 가르치자. 엄마가 하고 있는 청소, 빨래, 요리, 비품 조달, 쓰레기 처리 등의 집안일 중 일부를 돕게 하고 바쁠 때에는 아이 혼자서도 할 수 있도록 가르친다. 아이 스스로 시간을 정해두고 알아서 하게 된다면 성공이다.

집안일에는 '육아'도 포함된다. 최근에는 엄마와 아빠가 역할을 바꿔 아예 집에서 아이만 돌보는 아빠도 늘고 있다. 아이가

(형제가 있다면) 동생과 잘 놀아주는지, 자기보다 어린 아이를 잘 보살피는지 등을 유심히 살피자. 또 어린 아이를 만난 후에는 "그 아이, 참 귀엽더라"라든지 "진짜 재미있는 아이였지?"라고 관심을 유도하면서 자기보다 어린 아이를 보살피는 마음을 길러주자.

공감이 가지 않는다면 당신의 생활을 떠올려보자. 아이가 어릴 때는 한시도 눈을 뗄 수 없기 때문에 엄마 혼자서 아이를 돌보는 것은 쉽지 않다. 더군다나 남자아이를 키우면서 바로 밑에는 젖먹이 동생까지 있다면 누군가의 도움 없이는 과로나 우울증으로 쓰러지고 말 것이다. 그런 상황에 남편은 도와줄 생각조차 않는다면 당연히 분노와 원망을 쏟지 않겠는가? 이런 상황이 바로 당신 아들의 이야기가 될 수도 있다.

요컨대 가사와 육아를 돕는 남자는 이혼당하지 않는다. 하지만 요즘 여성들의 이야기를 들어보면 그런 건 기본이라고 생각하는 듯하다. 무슨 말인가 하면, '집안일이든 육아든 부탁을 들어주는 것은 당연하다. 말하기 전에 알아서 해야 한다'고 여긴다는 것이다.

시켜서 하는 것과 알아서 하는 것은 전혀 다르다. 아이가 자발적으로 행동하게 하려면 스스로 깨닫고 행동했을 때 크게 칭찬

해주는 습관이 필요하다.

비 오는 날 흠뻑 젖어서 돌아온 엄마를 보고 현관에 수건을 가져다주었을 때, "고마워, 자상하기도 하지. 정말 도움이 됐어!" 하고 칭찬을 했다고 하자. 한번 칭찬을 들은 아이는 다음번에도 비에 젖은 엄마에게 수건을 가져다 줄 것이다. 칭찬은 아이의 뇌에 도파민(뇌내 쾌감물질)을 분비시켜 그날 일에 대한 강한 인상을 갖게 만든다. 그런 아이가 나중에 결혼했을 때 아내에게 어떻게 행동할지는 너무 당연하지 않은가? 수건을 가져다주는 것으로 모자라 따뜻한 코코아를 가져다줄지도 모른다. 그런 남편을 어느 여자가 마다할까?

그러니 행운이든 우연이든 이런 일이 일어난다면 아이의 머리를 쓰다듬어주며 크게 칭찬하자. 만약 "엄마, 비가 올 것 같아서 빨래 걷었어"라는 말이라도 하는 날에는 맛있는 음식을 잔뜩 만들어주자. 그것이 바로 미래에 매력적인 배우자로 만드는 지름길이다.

공부는 못해도 바보 소리는 듣지 않게 키우자

집안일을 못하는 남자와 함께 여성에게 외면당하는 남자는 바보 같은 유형의 남자다. '바보'라고 해서 머리가 나쁘거나 공부를 못하는 것을 말하는 것은 아니다. 여기에서 말하는 바보란 바로 칠칠치 못해 같은 실패를 거듭하는 남자를 뜻한다. 한마디로 반성하지 않는 남자라고 말할 수 있다.

아들이 그런 남자로 자라지 않게 하려면 나쁜 행동이나 실패를 했을 때 그 순간을 놓치지 않고 엄하게 꾸짖고 다시는 되풀이하지 않도록 분명하게 약속을 받아야 한다. 버릇처럼 부모가 뒷수습을 해주다보면 무의식중에 '어떻게든 될 것'이라는 생각이 자리 잡는다. 이렇게 자란 아이는 잘못을 반성하지 않고 스스로에게 관대한 남자가 되고 만다.

거듭 말하지만 남자는 실패를 거듭하며 성장한다. 하지만 같은 실패를 반복하는 남자는 어디서도 환영받지 못한다. 한두 번이라면 그러려니 해도 같은 실패를 몇 번이고 되풀이한다면 누구에게든 바보로 보일 것이다.

정상적인 남자라면 한번 잘못을 저지르면 '다시는 같은 실수를 반복하지 않을 테다!' 하고 다부지게 마음먹지만, 이런 남자들은 그것이 잘못이라는 것도 깨닫지 못한 채 멍하니 있을 뿐이다. 더 큰 문제는 이런 마음가짐이 악습을 끊지 못하는 원인이 된다는 것이다.

거짓말이 그 대표적인 예이다. 어린 시절에 거짓말을 하는 건 흔하다. 그것이 잘못인 줄도 모르고 하는 경우가 많다. 이때 부모가 옆에서 단호하게 꾸짖으면 잘못을 깨닫고 거짓말을 되풀이하지 않는다. 하지만 부모가 유야무야 넘겨 버릇하면 결국 습관적으로 거짓말을 하는 사람으로 자라고 만다.

이런 습관은 아무리 고치려 애써도 고쳐지지 않는다. 그 밖에도 음주, 도박, 낭비, 여성 편력 등의 온갖 악습이 끊기 어려운 것도 실수나 잘못에 대해 단호하게 저지받지 못했던 유년의 기억이 큰 영향을 미친다.

또 하나, 장시간 게임을 하는 것은 아이에게 좋지 않지만 대부분의 부모가 자신들도 모르게 용인하고 있다. 아이의 상태가 중독에 가깝다고 생각된다면 충분히 설명하고 지나치게 빠지지 않도록 통제해야 한다. 여성은 그런 남자와 평생을 함께할 의미를 찾지 못하고 끝내 이혼을 선택할 가능성이 높다.

자상한 아이로 키우자

미래 사회에서 여성에게 버림받지 않는 남자는 과연 어떤 남자일까? 앞서 아이를 인기남으로 키우는 방법에서 다뤘던 뛰어난 대화능력도 중요하다. 하지만 단순히 말을 잘 들어주고 적절히 호응해주는 것만으로는 부족하다.

여성에게 버림받지 않는다는 것은 곧 꾸준히 사랑받는다는 뜻이다. 다소 소극적인 표현이기는 해도 여성에게 자상하다는 말로 대체할 수 있다. 즉, 여성의 마음을 잘 헤아리는 남자일수록 여성에게 변치 않는 사랑을 받는 것이다.

남녀관계는 서로 마음을 주고받으며 지속된다. 마음을 주고받는다는 건 상대의 입장이나 상황, 상대가 나고 자란 환경을 이해하고 받아들임을 말한다.

이런 태도야말로 상대를 사랑하는 것이며, 더 적극적으로 말해 상대를 사랑할 능력이 있는 것이다. 나 아닌 다른 사람을 사랑할 수 있는 사람은 세상 누구에게라도 따뜻한 마음을 품는다. 같은 생물로서 타자의 존재를 존중하는 사람이라 할 수 있다. 이런 사람을 쉽게 버릴 사람은 없다.

아들에게 평소 다른 사람을 배려하는 마음을 가르쳐주자. 사람은 혼자서는 살아갈 수 없다는 것, 어떤 형태로든 주변 사람들로 인해 자신이 살아가고 있다는 사실을 깨닫게 해주었으면 한다.

남의 고통을 모르는 사람을 두고 떠날 수는 있어도 남의 고통을 이해하는 사람을 떠나기는 쉽지 않은 일이다. 따뜻한 마음과 배려의 소중함을 가르치는 것은 다른 누구도 아닌 엄마의 가장 중요한 역할이다.

장차 넷 이상의 아이를 낳게 하자

여성과 대화하고 가사와 육아에 참가하며 악습을 끊는 능력과 남을 배려하는 따뜻한 마음은 모두 가정에서 배워야 할 덕목이다. 학교나 사회에서는 이것들을 가르쳐주지 않는다.

그리고 가정에서 이런 것들을 갖춘 아이는 앞으로 결혼을 해 자식을 낳고 행복한 가정을 꾸릴 가능성이 크게 높아진다. 말하자면 아이의 세대교체는 부모가 결정하는 것이다.

나는 평소 수업을 시작하기에 앞서 아이들에게 '조건'을 당부하곤 한다. 조건은 두 가지로, 하나는 '장차 네 명 이상의 아이를 낳으려고 노력할 것'이다. 물론 절반은 농담이지만 '낳을 것'이 아니라 '낳으려고 노력할 것'이라고 한 점에 주의하자.

실은 이 조건은 오랫동안 교육환경설계사로 일하면서 얻은 경험, 말하자면 '형제자매가 있는 아이는 집단 내에서 조화를 유지하고 순조롭게 성장한다'는 관찰 결과에서 비롯한다. 즉, 형이나 동생 그리고 누나나 여동생이 있는 아이는 건강하고 씩씩하게 자란다는 것이다. 저출산 문제가 불거지기 이전의 가족 구성은 거의 그런 식이었다.

가족 내에 동성의 형제가 있으면 '나는 이런데 형은 저렇다, 형도 그렇고 나도 그렇다, 형은 이렇지 않은데 나는 이렇다'는 식으로 동성과의 비교를 통해 자기 객관화의 기반을 다질 수 있다.

한편 여자형제가 있으면 '같은 부모에게서 태어났지만 성이 다르다는 이유만으로 생김새도 다르고 생각하는 것도 전혀 다르다'는 것을 이해한다. 거꾸로 말하면 남과 다른 자신만의 특징을 쉽게 파악할 수 있게 된다.

자, 그럼 이런 사실을 바탕으로 아이를 넷 이상 낳을 경우를 모의 실험해보자. 아이가 자라 자녀를 넷 이상 낳으려면 대략 30세까지 둘을 낳고 30세가 지나서 둘을 더 낳으면 된다. 30세까지 아이 둘을 낳으려면 27세까지는 결혼을 해야 하기 때문에 요즘으로 치면 비교적 빨리 결혼을 생각해야 한다. 그러려면 또 일찍부터 자연스럽게 이성교제를 할 수 있어야 한다.

아이 둘을 키우는 가정의 가계 형편은 빠듯하다. 전처럼 분유값, 기저귀값만 드는 시대가 아니어서 두 아이를 어린이집과 유치원까지 보내려면 꽤 많은 지출이 필요하다. 유치원에 다니다 초등학교에 입학하면 교육비 부담은 더욱 심해진다.

또 아이가 둘이면 집에서 일을 하든지 조부모가 함께 살면서 아이를 돌봐주지 않는 한 맞벌이도 어렵다. 여기에서 아이를 더 낳으면 평범한 직장인들은 감당하기 어려운 비용이 든다.

즉, 아이를 넷 이상 낳으려면 보통 직장이 아닌 고수익 전문직이나 기업 경영을 목표로 해야 한다. 거기에는 공부를 잘한다든지 머리가 좋다는 것 외에도 경험이 풍부한 인생을 살고 있는지도 깊은 영향을 미친다.

물론 잘나가는 여성 변호사와 결혼해 자신은 집에서 번역을 하면서 가사와 육아를 모두 책임지는 선택도 가능하다. 하지만 그런 여성이 과연 아이를 넷씩이나 낳으려고 할까? 여하튼 아이를 넷 이상 낳는다고 가정하면 지금껏 내가 이 책을 통해 이야기한 많은 것들이 모두 필요해질 것이다.

다행히 아이를 넷 이상 낳았다고 치면 다음은 어떻게 될까? 여기서부터는 어디까지나 가정일 뿐이므로 반쯤 에누리해서 읽었으면 한다. 아이들이 커서 결혼을 하면 그 아이들에게도 아이를 넷 이상 낳게 한다고 가정해 보자. 그러면 단순계산으로도 손자가 10명 이상 생기는 셈이다. 실현 가능성이 희박한 가정이지만 그 손자들에게도 아이를 넷 이상 낳게 하면 50명이 넘는 증손자가 생기고 그 자손의 결혼 상대자까지 합치면 당신이 세상을 떠났을 때에는 100명에 가까운 대가족의 선조가 되어있을 것이다.

이런 것이야말로 인생에 있어 가장 단순하고 일반적인 '대성공'이라고 부를 수 있지 않을까?

역사상 모든 황실과 왕족이 바라온 일, 그것은 자손이 번성하는 것이었다. 이는 생물학자 리처드 도킨스가 주장하는 '이기적 유전자'와도 합치되는 일이다. 동물계도 마찬가지이다. 그러므로 인생의 가장 단순하고 일반적인 행복이란 수많은 세대교체를 이루어내는 것이라고 바꿔 말해도 과언이 아니다.

사실 나는 학생들이 무조건 자녀를 많이 낳기를 바라지 않는다. 하지만 인생의 수많은 가능성 중에서 자신이 적극적으로 관련될 가능성에 대해서는 미리 '상정'해 보는 것도 중요하다고 생각한다. 또한 거기에는 '행복의 방향성이 최대한 많은 세대교체를 이루는 것'이라는 사실을 한 번쯤 생각하게 할 필요가 있다고 생각한다. 자신이 부모가 된다는 것, 심지어 의외로 많은 아이들의 부모가 될 가능성이 있다는 것. 그런 생각을 하게 하는 것만으로 아이에게는 매우 소중하고 의미 있는 일이 될 것이다.

아이들은 이렇듯 뜬금없는 내 제안을 어이가 없다는 듯 웃으면서 받아들인다. '낳으려고 노력하는 것'쯤은 문제없다고 생각하는 것이다.

두 번째 조건도 아이들에게는 한바탕 '웃음거리'이다. 나는 아이들에게 이렇게 묻는다.

"너희가 지금 열 살이라고 할 때, 장차 열 살 이상 나이 차이가 나는 사람과 결혼할 가능성이 있다고 생각하니?"

"가능성은 있겠지만 아마 그럴 일은 없을 거라고 생각해요."

"그러면 미래에 너희와 결혼할 예정인 여자아이는 벌써 세상에 태어나서 이 지구상 어딘가를 걷고 있겠구나. 그곳이 일본이든 중국이든 혹은 유럽이든 미국이든 다른 어떤 나라일지는 모르겠지만 이미 어딘가에서 태어나 살아가고 있을 거야.

선생님 이야기 좀 들어볼래? 아까 한 약속대로라면 우리는, 아니 너희는 그 여자아이와 결혼해서 아이를 넷 이상 낳아야겠지? 뭐라고? 처음부터 넷을 낳자고 하면 머리가 어떻게 된 거 아니냐며 도망갈 테니 일단 서른 살까지 둘을 낳고 괜찮으면 나중에 둘을 더 낳자고? 그거 좋은 생각이구나.

그런데 혹시 알고 있니? 우리 남자들은 신체적 결함이 있단다. 임신할 수 없다는 거야. 자신의 배 속에서 새 생명이 잉태되고 열 달 후면 몸 밖으로 나온다는 건 상상만 해도 식은땀이 나는 일이지. 연약한 남자들에게는 도저히 무리야. 그런 것은 강한 여성들에게 맡길 수밖에 없단다.

남자가 임신을 못하는 이상 행복한 미래를 보증하는 세대교체를 위해 어떻게든 여성들이 아이를 낳아주기를 바라는 수밖에 없지. 그러니 언젠가 그 여성과 만나면 너희는 너희와 결혼하는 것이 얼마나 좋은 일인지를 설득해야만 한단다. '나는 하고 싶은 일이 있고 유능하며 남을 배려하는 마음과 의사소통능력을 갖추고 집안일도 잘한다. 언젠가 너를 만났을 때 부끄럽지 않은 남자가 되기 위해 꾸준히 갈고 닦아왔다'고 말해야 하지. 그러니 방심하지 말고 긴장하렴. 언젠가 자신과 결혼할 여성이 벌써 이 세상 어딘가를 걷고 있다는 것을 상상하고 그 사람을 만났을 때 부끄럽지 않은 남자가 되어야 해."

길게 이어지는 내 주장에 반대하는 학생은 단 한 명도 없다.

첫 번째 조건처럼 아이들은 '설마' 하면서도 고개를 끄덕이며 수긍한다.

내가 내 수업시간에 오가는 사적인 이야기를 글로 쓰는 것은 이 책을 읽는 부모의 가정에서도 한 번쯤은 이런 대화가 오갔으면 하는 바람에서다. 아들의 마음에 '장차 네 명 이상의 아이를 키우는 부모가 되려고 노력할 것, 그 아이들의 엄마가 되어 줄 여성의 존재를 의식하고 부끄럽지 않은 인간으로 살아갈 것'을 새겨주자는 것이다.

물론 그것이 현실화될 가능성은 드물다. 하지만 이런 가정을 하고 노력하는 것은 아들의 미래에 매우 의미 있는 일이라는 점은 분명하다.

싫증나지 않는 사람이 되게 하려면

이번에는 당신의 아이가 무사히 세대교체를 이뤄낸 다음의 일을 생각해보자. 당신의 아이가 세대교체를 하고 자식을 떠나보낸 뒤에는 과연 어떤 일이 일어날까? 앞으로 하는 이야기는 지금 이 책을 읽고 있는 당신의 미래에 관한 일이기도 하다.

상상해보라. 아이가 커서 부모 품을 떠나면 남편과의 관계는 어떻게 될까? 육아가 끝난 후에도 당신에게는 아직 40년 남짓한 인생이 남았을 것이다. 다시금 부부가 함께 사는 이유를 확인해야 할 시기가 온 것이다. 들여다보면 아마 다양한 이유가 있을 것이다.

'종교관이 같아서,' '노년을 쓸쓸하게 보내고 싶지 않으니까', '의리 때문에.'

그 이유들에는 개인의 가치관이 뿌리내리고 있다. 하지만 나는 가치관에 따른 거창한 이유 외에 보다 단순하고 명쾌한 이유가 있다고 생각한다. 한마디로 '싫증나지 않아서'이다. 노년을 부부로 함께 사는 이유로는 너무 가벼운 것 같지만 나는 이것도 상당히 중요하다고 생각한다.

싫증나지 않는 것은 두 가지 조건이 필요하다. 예를 들어 우리는 매일 밥을 먹어도 물리지 않는다. 물론 사람에 따라 다르기는 하지만 매일 외식을 하고 피자나 라면 등 똑같은 음식을 계속 먹을 수는 없다. 이는 밥을 주식으로 하는 일상이 완전히 생활의 일부가 되었기 때문이다.

또 한 가지, 싫증나지 않는 조건은 늘 신선한 느낌이 들어야 한다는 것이다. 신선한 것은 생활에 활력과 에너지를 불어넣는다. 싫증나지 않게 늘 신선하다는 것, 그것은 앞에서도 이야기했지만 끊임없이 자신이 하고 싶은 일, 열중할 수 있는 일을 찾아낸다는 데 그 답이 있다. 그리고 항상 본인이 신선한 기분을 잊지 않고 주변 세상을 관찰해야 한다. 거기서 얻은 화제를 바탕으로 늘 상대가 재미있어 할 이야기를 준비하는 것이다. 즉, 싫증내지 않는 능력도 물론 중요하지만 싫증나지 않게 하는 능력도 못지않게 중요하다.

"당신은 상대가 싫증내지 않게끔 노력하는가?"

이렇게 물으면 여성들 대부분은 시선을 떨어뜨릴 것이다. 하지만 남자들에게 "여성이 싫증내지 않게끔 노력하는가?"라고 물으면 예상 외로 많은 사람이 다소나마 그런 노력을 하고 있다고 대답한다.

아들에게 앞으로 결혼 후에도 이런 마음가짐을 잊지 않았으면 한다고 말해주자. 상대를 싫증나지 않게 하는 능력과 그 관점은 앞으로 점점 더 중요해질 것이다.

아이는 아무리 보고 있어도 질리지 않는다. 끊임없이 새로운 일을 벌이기 때문이다. 아이가 어른이 된 후에도 이런 능력이 유지되도록 키워야 한다.

상대를 싫증나지 않게 하는 능력이란 뭐든 한 가지 일에 열중하거나 잇달아 새로운 일을 시도하는 능력이라고 바꿔 말할 수 있다. 그리고 그런 능력은 어른이 되기 전에 미리 길러야 비로소 완성된다.

말하자면 고령화를 맞은 미래의 교육은 60세 이후의 취미까지 생각하지 않으면 안 된다. 좋은 취미는 그 사람의 품격을 높인다. 음악이 대표적이다. 악기 한 가지쯤 다룰 줄 알고 악보를 읽을 수 있으면 나이 들어서도 다양한 동호회에 참가할 수 있다. 다도나 요리, 원예 등은 세월이 흘러도 변하지 않는 좋은 취미이다. 만약 나이 들어서 좋은 취미가 없다면 남아도는 시간을 주체하지 못해 틀림없이 집에서 빈둥거리며 텔레비전이나 보거나 자칫 술에 빠질지도 모른다. 그런 사람과 30년을 함께 살 수 있을까? 아이의 먼 미래까지 생각한다면 지금부터라도 좋은 취미 한두 가지는 갖게 하는 것이 좋다.

취미를 가진 남자가 자기 배우자와 함께 그 취미를 즐기는 것은 쉽게 상상할 수 있다. 취미를 함께 즐기면 함께 있을 때 더욱 재미있고 쉽게 질리지 않는다. 만사 제쳐놓고 취미 생활에만 빠지면 곤란하겠지만 취미가 없는 사람은 다른 사람을 싫증나게 할 뿐 아니라 교제범위도 좁아진다. 취미는 대인 관계를 만들 때에도 필수요소가 된다.

　취미에 대해 깊이 생각하는 습관은 어른이 되기 전에 들여야한다. 이는 앞서 이야기한 '하고 싶은 일'과 이어진다. 인간의 행복은 하고 싶은 일을 하는 데 있다. 하지만 하고 싶은 일을 스스로 찾아내지 못하면 행복은 점점 멀어진다.

아이를 키운다는 것의 의미

아이로 하여금 행복한 삶을 일구게 하려면 자신이 하고 싶은 일을 하게 하고, 배우자를 만나 세대교체를 이루게 해야 한다고 말했다. 이제 마지막, 다른 사람에게 도움이 되는 삶을 살게 하는 것에 대해 생각해보자.

　최근 두뇌 연구에 의하면 뇌의 쾌감물질인 도파민은 운동 같은 신체적인 쾌감 외에 하고 싶은 일에 열중할 때와 남에게 인정받고 칭찬받을 때에도 분비된다고 한다.

　사람은 어느 때 칭찬을 받을까? 유년기에는 공부를 잘하거나 심부름을 잘하는 등 뭔가 주어진 일을 잘 해냈을 때 칭찬을 들는다. 그러다가 성인이 된 후에는 자신이 지닌 기능을 발휘해 상대에게 감동을 주었거나, 깊은 감사를 받을 만큼 누군가를 위해 무언가를 했을 때 칭찬을 듣는다. 즉, 내가 한 어떤 일이 나 아닌 누군가에게 도움이 되었을 때 결과적으로 인간의 뇌에서는 쾌감물질이 샘솟는다.

행복한 인생의 결정판, 그것은 남을 위해 활동하고 남에게 기쁨을 주는 것이다. 빌 게이츠나 워런 버핏 같은 재벌은 자신들이 축적한 부를 자선으로 환원하고 있다. 또한 카네기와 록펠러는 엄청나게 벌어들인 돈을 과학, 의학, 문화, 교육 분야에 투자하는 것으로 인생의 후반기를 보냈다. 그들은 '성공'이라는 1차원적 행복을 넘어 온전한 행복에 이르렀다고 할 수 있다.

본질적인 쾌감은 자기 혼자만으로는 느낄 수 없다. 타인이 함께 기뻐해주지 않으면 진정한 쾌감을 얻을 수 없다. 사람은 본질적으로 혼자 살 수 없는 존재이며, 나 아닌 다른 사람과 소통하고 그 안에서 존재 가치를 찾을 때 '나는 살만한 가치가 있는 사람'이라는 자신감을 갖게 된다. 이것이야말로 가장 높은 차원의 쾌감 즉 온전한 행복으로, 이 쾌감이 계속된다면 인생은 최고로 행복할 것이다.

콜카타의 테레사 수녀가 대표적인 사람이다. 그런 사람들은 남을 돕고 기쁨을 주는 과정에서 삶의 보람을 느끼기 때문에 애써 자기 존재를 확인하지 않아도 된다.

그렇다면 평범한 보통 사람들이 '자신의 존재가 세상에 보탬이 되는 행복감'을 느낄 수는 없을까? 의외로 답은 간단하다. 그리고 이 책을 읽는 당신은 이미 그 일을 하고 있다.

평범한 인간이 세상을 돕는 최선의 방법은 세대교체를 통해 인류 존속에 이바지하는 것이다. 더 구체적으로 말하면, 미래 사회의 지속을 위하는 일이다. 즉 아이를 키우는 것은 실로 타자를 위한 활동이나 다름없다. 그런 의미에서 볼 때 아이를 키우는 진정한 목적은 사회에 이바지하기 위해서이다.

내 아들을 '배우자로서 매력적인 남자'로 키워야 할 목적은 비단 세대교체의 성공만을 위해서가 아니다. 더 차원 높은 목적은 인류 존속에 이바지함으로써 세상에 도움이 되는 존재로 자리매김하는 데 있다.

사람은 누구나 세상이라는 큰 틀 안에서 살아간다. 사회 안에서 누군가에게 도움이 되는 것으로 존재 가치를 인정받고 그로 인해 기쁨을 느끼며 살아갈 힘을 얻는다. 그런 의미에서 볼 때 육아는 인류 존속에 이바지하는 일임과 동시에, 어떠한 대가도 없이 한 생명을 올곧이 키워내는 숭고한 행위라 할 수 있다. 그 어떤 자선사업도 이보다 더 가치 있지는 못할 것이다.

이제부터라도 아이를 키운다는 것이 어떤 의미인지를 부모 스스로 깨닫기를 바란다. 또한 그 가치를 아이에게도 꼭 전해주길 바란다. 부모인 당신의 태도가 아이의 미래를 결정한다는 사실을 기억하며 말이다.

일본 사회에 열풍을 일으킨 반항기 아들교육법

아들의 평생 성적은 열 살 전에 결정된다

초판 1쇄 2015년 6월 24일

지은이 | 마쓰나가 노부후미
옮긴이 | 김효진

발행인 | 노재현
편집장 | 서금선
책임편집 | 한성수
디자인 | 권오경 김아름
마케팅 | 김동현 김용호 이진규
제작지원 | 김훈일

펴낸 곳 | 중앙북스(주)
등록 | 2007년 2월 13일 제2-4561호
주소 | (134-812) 서울시 강남구 도산대로 156 jcontentree 빌딩
구입문의 | 1588-0950
내용문의 | (02) 3015-4511
홈페이지 | www.joongangbooks.co.kr
페이스북 | www.facebook.com/hellojbooks

ISBN 978-89-278-0656-1 03590